掌控人生的88堂情绪调节课

CONTROL YOUR OWN LIFE

张运中 ◎著

中国法制出版社
CHINA LEGAL PUBLISHING HOUSE

前言 PREFACE

为什么世界上有那么多的人能昂然向上，孜孜以求，奋斗不止？为什么有那么多的人能为了让自己和家人好好地活着而精心打点着生活中的一切？为什么有些人遇到小的挫折就闷闷不乐，郁郁寡欢，而有些人却在经历了大起大落之后依然谈笑风生，镇定自若？是什么力量在支配着他们的内心？这种力量不是人的理智，而是情绪。

情绪是我们生命中不可或缺的一部分，它在人类的生存、生活、自我实现和自我超越的过程中，起着关键的作用。一位成功人士说过，很多聪明人失败的原因在于他们没有很好地控制自己的情绪，心态不好，过于冲动。只有学会控制自己的情绪才能掌握自己的命运。

当我们产生消极情绪时，聪明的做法是暂时回避，待心绪平静之后再去面对。因为人一旦陷入消极情绪，通常就无法正确评判事物，从而做出有违初衷的蠢事。所以，任何时候，一个人都不应该做自己情绪的奴隶，不应该使一切行动都受制于自己的情绪。

为什么我们明明那么努力，却依然无法摆脱坏情绪的影响？我们将自己的失败、受挫、糟糕都归因于负面情绪。但事实上，束缚我们的从来不是情绪，而是思维方式，是焦虑、惊恐等负面情绪影响下的思维模式。

《掌控人生的88堂情绪调节课》是一本为所有希望掌控自己情绪的人所写的

书。本书根据思维决定情绪的观点，运用实例阐释和证实了情绪对一个人的身体、心理、工作等生活中的一切所造成的巨大影响，以情绪为主线，围绕认识情绪、了解自我、识别情绪、调节认知、接纳情绪、控制情绪、情绪急救以及自我修复一一展开。

本书内容全面，文本叙述简洁明快，有大量的生活实例，结合精辟独到的分析，提出许多有效的调控和管理自我情绪的方法与方式，并总结出一套行之有效的“情绪掌控法”，给读者的情绪调节之路指明了方向。

目录

CONTENTS

CHAPTER 01

第一章

认识情绪，揭开情绪背后的秘密

每个人都有自己的情绪

情绪泛指任何激动或兴奋的心理状态。简单来说，情绪是一个人对所接触到的世界和人的态度以及相应的行为反应，比如快乐、生气、悲伤等心情，它不仅会影响我们的想法和决定，更会激起一连串的生理反应。

快乐、激动、悲伤、恐惧、愤怒、害怕、担心、惊讶等感觉，共同构成了人类丰富多彩的情绪生活。人活着，就免不了体验这些情绪。情绪左右了人的无数决定和行为，无论是对个人学习经验，还是对社会适应能力，情绪都扮演着非常重要的角色。

情绪大致分为愉快和不愉快两种体验：愉快的情绪体验包括喜悦、快乐、积极、兴奋、骄傲、惊喜、满足、热忱、好奇和如释重负等。不愉快的情绪体验包括失望、挫折、忧郁、困惑、尴尬、羞耻、不悦、自卑、愧疚、仇恨、暴力、讥讽、排斥和轻视等。

人的情绪体验是无时无处不在的，相信每个人都有过莫名其妙被某种情绪侵袭的体验。这些情绪体验既包括积极的情绪体验，也包括消极的情绪体验，并不是所有情绪都对人的行为有利。所以，认识情绪，进而管理情绪，就成了我们必须正视的课题。

美国心理学家阿道夫·迈耶将人们观察和处理自己情绪的方式分为以下几种类型。

1. 自我觉知型。

这种类型的人一旦情绪出现问题，自己便能觉察。情绪复杂丰富，心理健康，人生观积极向上，能有效地管理自己的情绪。情绪低落时绝不沉浸其中。

2. 难以自拔型。

这种类型的人卷入情绪的低潮中往往无力自拔，听凭情绪的主宰。情绪多变，反复无常而又不自知，常常处于情绪失控状态，精神极易崩溃。

3. 乐天知命型。

这种类型的人的具体表现是整天开开心心，自然不愿也没必要去改变。

4. 悲观绝望型。

这种类型的人虽然认识到自己处于不良的情绪状态，但往往采取不抵抗主义，许多抑郁症患者就属于这种类型，他们在自己的绝望痛苦中坐以待毙。

绽放的多巴胺：情绪的生理机制

我们都知道，情绪与健康有着十分密切的关系，乐观开朗是长寿的重要原因。能长期保持积极的态度和愉快的心情，有助于身心健康；反之，情绪低沉，心情不好，对身体健康十分有害，甚至可能成为疾病的诱因，引发各种疾病。

《黄帝内经》中就有怒伤肝，喜伤心，思伤脾，忧伤肺，恐伤肾的记载。有许多心因性疾病与人的情绪失调有关，如溃疡、偏头痛、高血压、哮喘、月经失调等。所以，积极而正常的情绪体验是保持心理平衡与身体健康的条件。

研究发现，多巴胺可以影响一个人的情绪，尤其与人的积极情绪有密切联系。多巴胺是神经递质的一种，其主要功能是负责大脑的情欲、感觉，并且传递兴奋及开心的信息。另外，多巴胺还会使处在紧张状态的心血管活动恢复正常。

积极情绪对人的免疫系统非常有益。研究人员发现，当人积极地做某件事时，大脑会变得活跃，也会分泌出大量多巴胺，它能引起人的欲望和激情，使人更热衷于做此事，如此良性循环。人的免疫力会随之提高，身体会更健康，人际关系也会随之改善。

医学专家表示，一个人若是长时间被不良情绪困扰，就可能导致内分泌失调，进而引发疾病。所以说，情绪不佳对身体而言是一种摧残。但人类社会如此复杂，人处于各种矛盾之中，不可能总是顺心或总是心境良好。这就需要我们在了解到情绪不佳对身体的严重危害之后，努力培养良好的情绪，有意识地控制和消除不良情绪，以维护身体健康。

我们要想拥有积极情绪，就要热爱生活，不为一时一事的得失耿耿于怀；遇事要豁达、乐观，不为鸡毛蒜皮的小事斤斤计较；遭遇挫折、打击时，要乐观、坚强；待人要真诚、热情、坦率；不要疑神疑鬼，庸人自扰。

情绪的发生：认识情绪ABC理论

人之所以不同于动物，是因为人在生活中始终有着自己的思想，而生活又取决于思想。一个人有什么样的思维，就会有什么样的情绪。也就是说，我们生活的快乐与否是由我们的思维方式塑造的，完全取决于我们对人、事、物的看法。

美国心理学家阿尔伯特·埃利斯认为：人的情绪并不是由某一诱发性事件本身所引起，而是由经历了这一事件的人对这一事件的解释和评价所引起。在情绪ABC理论模式中：A是指诱发性事件；B是指个体在遇到诱发性事件之后相应而生的信念，即他对这一事件的看法、解释和评价；C是指特定情景下，个体的情绪及行为的结果。

当你饱受各种挫折困扰，甚至磨难打击，整个人都麻木痛苦的时候，你应该大胆地告诉自己，你完全可以凭借改变自己的思维方式来改变你的情绪反应。

小李和小王一起走在街上，迎面碰到他们的主管，主管或许是眼神不好，抑或外出有急事要办，就没有与他们打招呼，径直从他们身边走了过去。小李对此抱有积极的想法：主管可能正在想别的事情，没有注意到我们，即使是看到我们而没理睬，也可能是有什么特殊的原因。而小王就不同了，他是一个悲观主义者，他对此事是这样想的：是不是因为上次自己受到不公平对待顶撞了主管一句，他就故意不理我了，下一步可能就要让我卷铺盖走人了。

两种不同的想法会导致两种不同的情绪和行为反应。小李可能觉得无所谓，该干什么仍继续干什么；而小王可能会忧心忡忡，无法冷静下来干好自己的工作。从这个简单的例子可以看出，人的情绪及行为反应与人们对事物的想法、看法有直接关系。

在这些想法和看法背后，有着人们对一类事物的共同理念，这就是信念。这两个人的信念，前者在合理情绪疗法中被称为合理的信念，而后者则被称为不合理的信念。合理的信念会引起人们对事物适当、适度的情绪和行为反应；而不合理的信念则相反，往往会导致不适当的情绪和行为反应。当人们坚持某些不合理的信念，长期处于不良的情绪状态，最终将导致情绪障碍的产生。

要克服情绪障碍，就需要对情绪进行有效的控制。有人认为这不容易做到，其实，控制情绪并非一件难事。

1. 有限地追求完美。

当你因坚持“事情必须做得更好”而产生紧张、负面的态度，或是觉得快要失去控制了，那么你要马上停止。因为你只需要做得“够好”就行了，永无止境地追求完美意味着寻求全然的控制，只会不断带来焦虑。

2. 不要再伪装强大。

如果你已经有负面的感受出现，就别再勉强自己接受更多责任或压力，不要把苦往心里藏、泪往肚里吞。

3. 运用好你的情绪。

好好运用你的情绪将有助于问题的解决，如果你的情绪已经开始让你困惑甚至产生失控感，那么辨识、了解并且疏导这些情绪将会对你有所帮助。

4. 决定并行动。

当混乱的情绪或冲突的想法使你倍感压力时，你应该停止让它们连续不断地向你袭击。你可以做决定并行动，放手让它们离开。

5. 改变待人方式。

如果你习惯的行为模式一再使你感到紧张、焦虑，那就借由改变行为模式来改变关系的形态吧！因为你可以采取不同的待人方式。

6. 想法要现实。

当我们分析状况时，不要再让夸大不实的解释方式或个人的期望扰乱自己分析时的逻辑顺序，而是要基于现实的情形作分析，不让原本属于个人可以掌握的情况演变为不可控制的事。

7. 以不同的方式对付压力源。

当你感到压力大时，不要觉得自己一无是处，觉得自己没有能力应付，因而让失控感吞噬了自己。相信自己有能力以不同的方式来应付这一切。

8. 缓解紧张。

采取行动或措施来释放自己内在的紧张感，可以免除无谓的焦虑与害怕，如运动、唱歌、从事自己感兴趣或喜好的活动等。

表情、身段、言语：情绪如何表现

情绪活动是一个复杂的过程，由神经生理和肌肉变化等因素组成，不但具有独特的主观体验，还拥有独特的外部形态。情绪是与不断发展变化的需要相关联的，表现为持续变化的即时性状态，通常可以分为高兴、愤怒、恐惧和悲伤等。引起这些情绪的情境与追求目的的活动是紧密相连的，常常具有高度的紧张性，各种情绪是通过表情体现的。

一位心理学家指出：无声语言所显示的意义要比有声语言多且深刻。他还对此列出了一个公式：信息的传递 =7%的言语 +38%的声音 +55%的表情。虽然人们是用语言交谈，用语言传播信息，但语言并不是说话的全部。无论是说话者还是听话者，信息的准确传播和接受，还得借助双方的表情、姿态、动作等肢体语言。

情绪是人们社会交往中的一种心理表现形式。情绪的外部表现是表情，表情具有信号传递作用，属于一种非言语性交际。人们可以凭借一定的表情来传递情感信息和思想愿望。55% 的信息是靠非言语表情传递的，38% 的信息是靠声音传递的，只有 7% 的信息才是靠言语传递的。表情是比言语产生更早的心理现象，如不会说话的婴儿主要是靠表情来与他人交流的。表情比言语更具生动性、表现力、神秘性和敏感性。特别是在言语信息暧昧不清时，表情往往具有补充作用，人们可以通过表情准确而微妙地表达自己的思想感情，也可以通过表情去辨认对方的态度和内心世界。所以，表情作为情感交流的一种方式，被视为人际关系的纽带。

真正会说话的人，不仅会用嘴说，还会用表情、肢体语言和声音表达自己的想法。事实上，肢体语言本来就是人们用来表情达意的一种重要方式，只要通过眼神、表情、手势或姿态等，就能把自己的心意传达给对方。

1. 面部表情。

不同的情绪会产生不同的面部表情。面部表情能精细准确地反映人的情绪，它是人类表达情绪最主要的一种表情动作。面部表情是指通过眼部肌肉、面部肌肉和口部肌肉的变化来表现各种情绪状态。人的眼睛是最善于传情的，不同的眼神可以表达不同的情绪和情感。例如，高兴时眉开眼笑，气愤时怒目而视，等等，都是通过眼部肌肉的变化来表现情绪。

2. 身体语言。

身体语言是指情绪发生时，四肢和躯干部位的动作表现。比如，高兴时手舞足蹈，生气时挺胸握拳，恐惧时手足无措，等等。耸肩、抱臂、摸下巴、搓手等下意识的小动作，都能表达出不同的情绪。

理解别人的身体语言，最重要的是要从别人的角度来考虑问题。要用心去体验别人的情感状态，也就是心理学上常讲的共情。当别人对你表情淡漠，很可能是由于对方遇到了不顺心的事，因此不要看到别人淡漠就觉得对方不重视你。事实上，这样的误解在年轻人中很容易出现，也很容易导致双方之间的隔阂。

郑强是北京某名牌大学的毕业生，有一天，他到一家公司去求职。在面试时，郑强自我感觉良好，一进门就坐在沙发上，跷起二郎腿，还不时地晃动。如果在家里，这是一个再平常不过的姿势，而在面试的情境中，则很不合适。结果，负责面试的人连半个问题也没有问，就客气地说："回去等消息吧。"最终的结果可想而知，他失去了一个很好的工作机会。

3. 声音。

声音包括人们在言语的音调、节奏、速度和音色等方面的变化。例如，悲伤时，语调低沉、声音不连贯、音调高低差别明显；暴怒时，声音高、尖且颤抖等。除此之外，感慨、烦闷、诧异、厌恶和期待等都有一定的语气和声调的改变。

人们说话时，影响速度和节奏的主要原因是人们内心情绪的起伏变化。速度和节奏的控制和变化一般要通过音调的轻重强弱、吐字的快慢断连、重音的各种对比以及长短句式、整散句式、紧松句式的不同配合才能实现。我们应掌握这些规律，做到快慢适中，快而不乱，慢而不断，增强语言形象的美感。

你所不知道的情绪力量

情绪引导思维，思维决定行动。当下流行这么一句话：智商决定录用，情商决定提升。心理学家认为，一个人最后在社会上占据什么样的位置，绝大部分取决于非智力因素。许多材料也显示，情商较高的人在人生各个领域都占尽优势，无论是在处理人际关系方面，还是在主宰个人命运方面，其成功的概率都比较大。

一个人掌控情绪的能力高低直接关系到其人生的成败。美国哈佛大学教授丹尼尔·戈尔曼认为，情商是决定人生成功与否的关键。一个情商高的人，自控能力强，社交能力强，性格外向而开朗，正直而富有同情心，不容易被沮丧忧郁的情绪所束缚，所以更容易获得成功。

情绪是一把“双刃剑”。一方面，积极情绪可以充实人的体力和精力，提高个人的活动效率和能力，促使人健康成长；另一方面，消极情绪会使人感到难受，抑制人的活动能力，降低人的自控能力和活动效率。

高情商者往往能有效地察觉出自己的情绪状态，理解情绪所传达的意义，找出某种情绪产生的原因，并对自我情绪做出必要的、恰当的调节，始终保持良好的情绪状态；低情商者则因不能及时认识到自我情绪产生的原因，而无法有效地进行控制和调节，致使消极情绪影响心境，久久不退。

北京正值盛夏，国际展览中心举办了一场汽车展览会。人们蜂拥而来，在展览会上选购各种汽车。一位身家过亿的富翁站在时髦的宝马车面前，对因为失恋而情绪低落的销售员小张说：“我想买下这部价值百万元的轿车。”我们都可以想象，这对小张来说是一件求之不得的好事。可是，小张无动于衷，直直地看着这位顾客，脸上始终冷冰冰的。

这位富翁看着小张那没有笑容的脸，无奈地摇摇头走开了。他继续参观，到了下一个展位前，他受到了一个年轻女推销员的热情招待。女推销员脸上挂满了微笑，那微笑就像太阳一般灿烂。女推销员可贵的微笑，使这位富翁有一种宾至如归的感觉，所以他说：“我想买一台价值百万元的轿车。”“没问题！”女推销员说，她情绪高涨，脸上一直挂着迷人的笑容，“我会为您介绍我们的系列轿车。”

这位富翁同女推销员兴奋地交谈了起来，并签了一张十万元的支票作为定金。他对女推销员说：“我喜欢人们表现出一种他们非常喜欢我的样子，你现在已经用微笑向我展示了你自己，在这次展览会上，你是唯一让我感到我是受欢迎的人。明天我会带一张百万元的支票回来。”

很显然，小张因为生活上的事而陷入了消极的情绪之中，他垂头丧气，忧愁烦闷，使得这位富翁远离了他，从而失去了提升业绩的绝佳机会。其实，那些了解自己情绪的人，大多善于将自己的情绪调节到最佳状态，从而协调或顺应他人的情绪基调，轻而易举地将他人的情绪纳入自己的主航道。这样一来，他们在生活和工作中往往会一帆风顺。

情绪本无好坏，每种情绪都有其价值

心理学家詹姆斯通过研究得出结论，情绪是对身体变化的知觉，使人激动的外界因素所引起的身体变化是情绪产生的直接原因。虽然情绪本身并无是非、对错、好坏之分，每一种情绪，即使是消极负面的情绪，也有它的价值和功能，但是积极肯定的情绪对人的认知活动具有促进作用，而消极否定的情绪则会阻碍人的认知活动，对人的目标行为产生不利的影响。

情绪反应速度过快或过慢，对人的行为同样有着消极影响。情绪反应速度过慢，情绪的动力作用不明显，一定时间内人的认知效果就差；反之，情绪反应速度过快，则会使人的情绪有较大的波动，往往从一个极端走到另一个极端，这种不稳定的情绪，同样不利于认知活动的顺利进行。

要想有效接纳情绪、转化情绪，需要你认识到情绪的作用，了解自己的情绪以及自己情绪的变化情况。也就是说，在沟通中，是什么触动了你的某种情感，尤其是最强烈的感觉被触动时，是什么让你感觉受到了激发。

有一年圣诞节前夕，那时安东尼还小，在故乡辛辛那提的一个小镇上，他与父亲去购物。安东尼的父亲是一位心胸开阔、情绪饱满的人，他对任何人都能满怀兴致，不论是谁，父亲都能亲切地与之交谈。

那天，安东尼抱着很多包裹，走得很累，情绪也越来越低落，心里只想着赶紧回家。这时，一个又老又脏，满脸胡子的乞丐走了过来，向安东尼伸手要钱。安东尼赶紧把他的手推开，很不耐烦地叫他走开。

“你不该对一个人这样，孩子。”父亲对安东尼说。

“可是，爸，他只不过是个乞丐。”安东尼说。

“乞丐？”父亲说，“世间并没有所谓的乞丐，他也是一个人。他也许并没有做得很好，但他仍然是一个有尊严的人。我们对任何人都该保持一种尊敬的态度，现在我要你把这个交给他。”父亲从他的皮夹里掏出一张一美元的钞票给安东尼，“照我所说的去做，走过去拿给他，并且恭恭敬敬地说，这一美元送给你。”

“不，我不说。”安东尼拒绝道。

父亲坚持说：“照我说的做。”

安东尼看着满脸威严的父亲，无奈地摇摇头，走到老乞丐面前，对他说：“对不起，送给你一美元。”这个老人看着安东尼，非常惊讶。然后，他的脸上浮现出愉悦的笑容，这个笑容让安东尼忘记了他的肮脏及满脸的胡子。这时候，安东尼内心躁动不安的情绪一下子安定下来，先前的怒气和烦恼顿时消失得无影无踪，突然之间，安东尼觉得很快乐，这是一种深度的快乐。

人类是群居动物，所以我们需要快速判断其他人的情绪，读懂他们。情绪告诉我们，可以接近哪些人，需要避开哪些人。情绪告诉我们，自己喜欢什么，讨厌什么，当前的状况是否同自身价值需求保持一致。

美国心理学家安东尼奥·达马西欧指出，情绪存在于理智之中。换言之，情绪与思考并非两种不同的结构，它们属于同一整体。情绪为思考做信息提醒和传递的工作，思考则建立在情绪之上。

情绪能给人一种警醒，它在提醒人们要注意什么。一个人如果有这样的观念，他很快就会改变自己。而任由情绪主宰人的一切，后果可能十分严重。当一个人的脸色很难看时，别人就知道要小心一点，不要冒犯他，因为这个时候火上浇油会很吃亏。

情绪的两极性：积极情绪和消极情绪

虽然情绪本身没有好坏之分，但是情绪引发的行为有好坏之分，情绪引起的影响也有好坏之分。也就是说，情绪具有两极性：一方面表现为肯定的和否定的，如满意和不满意，喜悦和悲伤，爱和恨等；另一方面表现为积极的和消极的，即积极情绪与消极情绪。

积极情绪主要包括喜爱、开心、幸福、愉快、希望等，这类情绪会产生正面的影响，可以提高人的活动能力，使人积极地行动。比如，积极情绪可以提高人的思维能力和奋发向上的精神，产生向上的力量，使人生机勃勃，对身体健康有很大的帮助。

消极情绪则主要包括沮丧、妒忌、紧张、怨恨、烦恼、愁闷、抑郁等，这类情绪会产生负面的影响，会降低人的活动能力。比如，由痛苦引起的悲哀会使人心不在焉，削弱人的活动能力，甚至让人产生悲观厌世的念头和颓废不振的心态，久而久之就会对身体产生极大的危害。

情绪产生的力量是巨大的，积极的情绪有可能帮助我们实现梦想，而消极的情绪却像一个“魔鬼”，可以毁掉我们的一切。有些情绪需要我们控制，有些情绪需要我们疏导，有些情绪需要我们思考，有些情绪需要我们发泄。因此，情绪对我们的生活有极大的影响。正面的影响自不必说，我们满心期待和欢迎。但是对于负面的影响，我们也不必恐惧、害怕或排斥，其实负面情绪也能给我们带来意想不到的收获，只要我们善于发现它们的正面意义。

每种负面情绪，只要用心体会都是给人的一份推动力，推动我们去做出正确的判断和行动。这份推动力既可以是赐予我们的一份力量，又可以是指引我们的一个方向，有时也可能两者兼备。比如，当我们回忆过去做错的一件事情时，就会因为内疚产生反思，产生改正这种错误的勇气；当我们感到痛苦时，就会想办法避开这种遭遇；当我们忧虑时，就会努力让自己做得更好一点；当我们恐惧时，就会寻求避开存在的危险或不去尝试；当我们悲伤时，就会从中取得智慧，从而更加珍惜眼前所拥有的一切。我们可以称这些为情绪经验，当一个人拥有丰富的情绪经验时，就会使自己的生活快乐多一些，幸福多一些。

一位哲人说过："存在即合理。"这就是说，世间万物都有它们存在的价值和意义，任何事物都有两面性，我们的情绪也是如此。虽然情绪有积极和消极之分，有正面和负面之分，并且时刻发生在我们的生活中，但是假如我们能够认识到负面情绪的积极影响，就可以让负面情绪为我们服务，甚至成就人生的辉煌。

"原生情绪"和"衍生情绪"是怎么回事

心理学家研究发现，情绪可分为原生情绪和衍生情绪。所谓"原生情绪"，是你对事件的第一反应，是情绪发挥出的原始功能。一般来说，它并不复杂，不需要教化，只要没有认知功能障碍，几乎所有人都能感受到原生情绪，比如恐惧、愤怒、悲伤、伤心、厌恶、愧疚等。

"衍生情绪"是由"原生情绪"衍生而来，是对原生情绪的情绪化反应。也可以说，衍生情绪是对你感受的感受，是由情绪引发的另外一种情绪。与原生情绪相比，衍生情绪要复杂得多，它是几种情绪的混合物，是经过过滤的情绪。遭遇同一件事情，人们会产生相同的原生情绪，但是由于不同的生活经历、个性特征和思维方式，人们对同一件事情的想法有可能完全不同，并最终产生不同的衍生情绪。

另外，“原生情绪”也被定义为适应性情绪，即为了适应外界而采取的本能反应。而“衍生情绪”则被看作反应性情绪，往往是遭受挫折而引发的防御和攻击。它不仅会掩盖原生情绪，还会掩盖事实真相，令事情变得越来越复杂，让人不容易把控。

晓丽下班后高高兴兴地回到家，对正在电脑前工作的老公说：“今天我们单位同事买了一款新包，真漂亮！”埋头工作的老公“嗯”了一声，抬头看了看她，没有说话。

“我也想拥有那样一个包！”晓丽看了一眼老公。老公始终没有抬头，继续坐在电脑前工作。晓丽开始变得不安起来，她想：老公对我的话为什么毫无反应呢？他是不是有外遇了，才不敢抬头正视我？如果他还爱着我，就不会这样。与此同时，埋头工作的老公也在想：我每天忙得不行，她总是打断我的工作，一点也不尊重我，天天来烦我。

晓丽很是伤心，她大声指责老公：“在你眼里，只有工作，你根本就不爱我。”面对妻子的无端指责，老公感到愤怒，摔门而去。晓丽看着老公离去的背影，越想越生气，越想越伤心，最后竟然做出与老公离婚的决定。

为什么原本一件小事会像滚雪球一样越滚越大，以至于不可收拾呢？其实，这都是因为晓丽的“衍生情绪”掩盖了夫妻吵架的真相。

按理说，晓丽下班后高兴地回到家，她有一种想与老公说话的情感需求，她选择的话题是同事新买的高档手提包。对于女性来说，生活中的小事几乎是永恒的交流话题。但是对于正忙工作的老公来说，晓丽的谈话打断了他的思路，让他感到心烦意乱。他陷入烦躁不安的负面情绪中，自然感受不到妻子内心真正的情感需求。在他看来，妻子只不过是又想花钱买东西了，她一点也不尊重自己的工作。

这样的想法让他衍生出厌恶的情绪，并产生离家出走的行为。然而对于晓丽来说，她很难意识到老公的原生情绪——烦躁，只能感受到老公衍生出来的情绪——厌恶，所以觉得老公嫌弃她，不再爱她了。她针对老公的衍生情绪做出攻击性的反应——无端指责，最后导致老公也对她的衍生情绪针锋相对，做出激烈的反应——摔门而去。

现实生活中，像晓丽他们这样两天一小吵，三天一大吵的夫妻不在少数。其实，他们相互指责的行为掩盖了最初的原生情绪和真正的情感需求：妻子需要感情交流，老公需要获得尊重。

沟通是两个人的事，一个巴掌拍不响。一个人必须有自我克制的能力，准确辨识哪些是原生情绪，哪些是衍生情绪，学会尊重他人，从他人的角度理解问题。只有这样，大家才能和谐融洽地相处，推心置腹地交谈，否则摆出一副高高在上的姿态，丝毫不顾及对方的内心感受，很容易让人背离实际情况，陷入情绪化的思维和行动。

当心情绪的“蝴蝶效应”

“蝴蝶效应”通常是指一个不起眼的小动作却能引起一连串的巨大反应。也就是说，经过常年累积，最终有一天事情会因为偶然的刺激而爆发，由量变达到质变，从而给我们的生活和工作带来意想不到的巨大影响。

情绪是人们正常的心理活动，分为正向情绪和负向情绪。正向情绪可以给人带来愉悦感，激发积极乐观的心态和动力，有利于我们获得成功，是需要培养和保持的。而负向情绪是指消极的、带给人不良体验的情绪反应，但并非所有的负向情绪都会给人们带来不良的影响。例如，害怕的情绪会让人产生危机感，有利于自我保护；焦虑的情绪会让人未雨绸缪，提前做好应对危机的方案。

小李的女朋友是一个“非常物质”的女人，经常让小李给她买衣服，这使得小李心里很纠结。有一次上街，小李的女朋友指着一个在街上偶然碰到的女同事的裙子说：“看！这条裙子多漂亮！是她男朋友送给她的。”小李一听，就知道这又是在暗示自己给她买衣服了，良好的感觉瞬间消失，失落的情绪随之包围了他。小李暗想，这个月给她买衣服已经花了不少钱，但是又不好拒绝女朋友的要求，怎么办呢？小李想了想说：“的确很美，不过我赞赏苏格拉底的那句话：‘女性的纯正饰物是美德，不是服装。’”小李的女朋友一听小李这么说，知道自己有点理亏，也不好再催促小李给自己买衣服了。

小李并不是没有钱给女朋友买新衣服，只是被自己的坏情绪所操纵，不过在面对影响自己情绪的事时，他能够保持冷静和理智，很好地控制和调整负面情绪，最终使得女朋友在理解他的同时，他们的感情也没有受到丝毫影响。当然，如果你的个性特征或行为习惯难以做到很好的自我调节，可以借助专业的心理咨询师来帮助和指导自己管理、调整情绪。

那么，我们该如何管理情绪，及时对自己的负向情绪进行疏导和宣泄呢？

首先，我们对情绪要有自我觉察。我的情绪状态在当下是如何的？它正在受什么事件影响？为什么我对此事这么在意和生气？如此，当我们对自己的情绪状态有良好的觉知和认识时，就能为后期管理好情绪打下基础。

其次，注重日常的情绪养生。对于积郁已久的不良情绪，我们应当找机会进行疏导、减压和宣泄。例如，找朋友聊聊天、说说心里话、听听音乐、唱唱歌，或者运动等，都是很好的方式。

最后，当不良情绪来临时，我们要学会有意识地让自己停下来。当情绪产生时，控制理性认识的脑区传达速度远远慢于负责感性冲动的情绪反应脑区的传达速度。所以，在遇到不好的情况时，先让自己静默几秒，待情绪冲动缓下来之后，所做出来的行为就可以将伤害降到最小。

CHAPTER 02

第二章

了解自我，找到情绪的心理原点

认识情绪掩饰下的矛盾自我

一个人在自己的生活经历中，在自己所处的社会境遇中，能否真正认识自我、肯定自我，如何塑造自我形象，如何把握自我发展，如何掌控积极或消极的自我意识，将在很大程度上影响一个人的前程与命运。换句话说，你可能很平凡，也可能很杰出，这在很大程度上取决于你能否认识情绪掩饰下的矛盾自我，能否充分地认识自己。

要想了解自己，进而充分地认识自己，你需要进行客观的自我观察。当你可以耐心、客观、真诚地观察自己的内心，而不让自己为习惯或情绪所左右的时候，你才能真正成为自己的主人。要想认识自己，需要持续关注自己的内在心理。每一个独立的我都由三部分组成：自己眼里的我、别人眼里的我和自己心中的我。

当局者迷，旁观者清。自我观察容易流于主观，被自己的情绪左右，对自己的认识会产生某种程度的扭曲。这时候，我们应该跳出自己的视野，站在旁观者的角度看自己。我是谁？我从哪里来，要到哪里去？我为什么要这么做？我为什么不高兴？……这些问题常常会使一个人迷失在自我当中，很容易受到周围信息的暗示，并把他人的言行作为自己行动的参照。

在日本有这么一个流传很广的故事：好斗的武士向一个老禅师询问天堂与地狱的含义。

老禅师说："你性格乖戾，行为粗鄙，我没有时间跟你这种人论道。"

武士恼羞成怒，拔剑大吼："你竟敢对我这般无礼，看我一剑杀死你。"

老禅师缓缓道："这就是地狱。"

武士恍然大悟，心平气和地纳剑入鞘，向老禅师鞠躬，感谢他的指点。

老禅师又言："这就是天堂。"

武士的顿悟说明，人在陷入某种情绪时往往并不自知，总是在事情发生后，经过有意识的反省才发现。其实，一个人的情绪是多种多样的，情绪也是非常主观的体验，人与人之间有很大的差异。

了解自我是天底下最难的事情。在日常生活中，人既不可能每时每刻去反省自己，也不可能总把自己放在局外人的位置来观察自己。正因如此，人们往往可以比较容易地影响和改变他们所了解的东西，但当人们想要认识自己、积极改变自己的时候，却变得异常困难。

每当你受到刺激需要发泄情绪时，便可试着先强制自己冷静下来，然后在脑子里迅速幻想出一个内心的旁观者，这个人可以是潜在的自我，也可以是另外一个人。想象他就在你旁边，注视着你的表演，看你如何发泄不满，而他的内心正在嘲笑你。这时你便会觉得自己的行为有多么不理智，你就会重新审视自己的行为，从而找到一个正确的处理办法。

其实做一个内心的旁观者，并不只是在有不良情绪时才需要自我分离，你可以随时给自己设置这样一个观察自己的影子，来审视自己在某一段时间内的行为。中国自古就有静坐思过一说，当你静下心来思考以往的所作所为时，其实就已经是在做一个内心的旁观者了，这个旁观者会用社会赋予他的价值尺度来衡量自己的行为恰当与否。

展开自我对话，探寻内在情绪诱因

这个世界是我们自己创造的，因此，它属于我们每一个人，而真正拥有这个世界的人，是那些热爱生活、拥有积极情绪的人。

一个人如果经常发怒，就要学会识别这些愤怒的诱因，一旦你能够识别出点燃怒火的诱因，就能很快解除自我保护式的愤怒反应。识别诱因的能力也能帮你很好地理解和应对怒火，以免火上浇油，甚至还能及时灭火。

何先生在一家外企工作，刚就职他就和老板发生了一些不愉快的事情。当时他特别讨厌他的老板，他认为老板时时刻刻都在针对他，于是摩擦愈演愈烈。后来何先生总结了一下，认为自己在工作中的原则过于鲜明，忽视了别人的感受，尤其老板是一个爱面子的人，于是他主动找老板谈了自己的想法，并承认自己在工作中的话语没有考虑到别人的感受。听了他的话，老板欣慰地笑了。

从这件事情中，何先生学到了很多东西。在和别人发生冲突的时候，应学会发掘他人身上的闪光点，并学会包容对方的缺点，多考虑一下别人的感受，多给别人留面子。这样心态就会平衡，处世就会更积极。

何先生意识到了自己在工作中没有处理好与老板的关系，过于讲原则，而没有考虑到别人的感受。尤其是对待老板，更需要给他留面子，暂时包容他的缺点和疏忽，在日后找一个合适的机会告诉他那天的做法可能失之偏颇。

心理学家研究发现，情绪是能够随时掌控的，而掌控情绪最迅速、最简单且最有效的方法，就是汲取过去的经验，然后针对目前的状况，拟出可以让你成功掌控情绪的策略。由于你曾面对并处理过这种情绪，而现在对情绪又有了新的认识，相信你可以很好地拟定策略。

如果你现在正处于某种情绪中，那么请你停下来回想一下过去类似的情绪经验，当时是怎么处理的？有没有对自己提出某种问题？有没有采取新的行动？

如果你目前觉得沮丧，而这种情绪以前也有过，但当时顺利地消除了，那么你可以这么问自己：当时我是怎么做到的？是不是拿出了什么新的行动？是出去跑了一圈，还是打电话找朋友倾诉了一番？如果那一次的方法有效，那么这一次就可以重来一遍，你会发现这次的结果大致不差。

要确信你不但今天能控制自己的情绪，未来亦能。要想未来依然能够很容易地掌控情绪，你必须对自己目前的做法有充分的信心才行，因为过去你已经使用过，并且证明确实有效，如今你只要重新拿出来使用即可。你要全心全意地去回想、去感受当时的情景，让顺利处理的经过深印在你的脑海中。

此外，你要再想出其他三四种可能的处理方法，把它们写在小纸片上，不时提醒自己。这些可能的处理方法包括：改变你的认知、改变你的沟通方式或改变你的行动等。

六种“情绪风格”，你属于哪一种

你了解自己的情绪风格吗？为什么有些人在遭遇挫折后可以迅速振作起来，而有些人却会陷入绝望？为什么有些人善解人意似有读心术，而有些人绞尽脑汁也无法猜透别人的心思？为什么有些人总是神采奕奕，而有些人总是郁郁寡欢？

要回答这个问题，你需要了解情绪风格的类型。心理学家告诉我们，情绪风格是指情绪反应在类型、强度和持续时间上的差异。由于人们大脑活动模式的不同，因此每个人对各种生活经验的反应存有很大的差异，这就形成了迥异的情绪风格。一般来说，情绪风格可以从以下六个维度进行划分。

1. 情绪调整。

情绪调整分为迅速恢复和缓慢恢复。在面对困境时，你是陷入崩溃境地还是百折不挠、抗争到底？在遭遇打击时，你是束手就擒还是逆流勇进？研究发现，迅速恢复的人可能缺乏克服困难的动力，他们永远怀着一种"没问题""放轻松"的心态，对任何挫折都无所谓。而缓慢恢复的人则常常纠结于挫折之中，对已经无法改变的事情耿耿于怀。

2. 生活态度。

生活态度分为乐观和悲观，也就是积极思维和消极思维。对于生活态度处于积极端的人来说，他们遇到任何事情只会看到积极的一面，这让他们对个人生活和职业生涯中的报警信号视而不见。而对于生活态度处于消极端的人来说，快乐是转瞬即逝的，他们能从任何事情中挑出毛病。即便一开始他们感到了一阵快乐，这种快乐的感受也无法持续。

3. 社交直觉。

社交直觉指的是人们是否能清楚地读懂别人的心理状态或情绪状态，分为社交直觉敏锐和社交直觉迟钝两类。那些社交直觉敏锐的人，具有神奇的能力，能够破译别人言语之外的细微信号，从肢体语言、语音语调和面部表情就可以读懂对方的心思。而那些社交直觉迟钝的人总会错过一些事情，或是不合时宜地做了一些事却全然不知。

4. 自我觉察。

自我觉察指的是对内在的自我是否有清楚的了解，分为自我觉察敏锐和自我觉察迟钝两种。我们身边都有对自己的情绪浑然不觉的人，他们并不是在自欺欺人，而是真的一点都没有觉察到自己身体里出现的情绪线索，处于自我觉察能力维度这一端的是自我觉察迟钝的人。

处于另一端的则是自我觉察敏锐的人，他们能够敏锐地意识到自己的思想和感受，对自己身体发出的信息非常敏感。需要注意的是，自我觉察能力过强也会给人带来负面影响，因为当他们观察到别人的痛苦时，他们的身心也能够感受到对方的焦虑或悲伤。

5. 情境敏感。

情境敏感指的是能否区分不同社交场合的交往习惯和规矩。情境敏感在很大程度上是一种直觉，难以有意识地加以控制。而情境迟钝则是对自身的生理信号或情绪信号全然不知或知之甚少。

6. 专注力。

专注力指的是能否排除情绪等因素的干扰，保持注意力集中，分为注意力集中和注意力分散。注意力包括选择性注意和觉察能力。选择性注意是指当我们被周围不断出现的无数刺激所淹没的时候，还能够仅仅注意其中一个事物；而觉察能力是指对进入思想、视觉、听觉、触觉的任何信息都不加批判地接收的能力，良好的觉察能力可以产生一种情绪上的平衡感和满足感。

情绪风格是可以改变的。虽说人的性格特征很大程度上是由基因决定的，但基因本身并不足以让某一种性格特质显现出来，基因还需要被开启。研究表明，生活经验可以让基因开启或关闭，基因的表达程度受到环境很大的影响。如果生活环境保持稳定，你的气质和情绪风格便会保持稳定；反之亦然。

自我排斥与自我接纳：管理内心的乱流

心理学家研究发现，有些人无法妥善地处理情绪，究其根源是自我排斥。他们排斥情绪，只因为他们认为自己的情绪是坏的、错的，但其实并非如此。情绪只不过就是情绪罢了。如果这些人可以接纳自己在任何时候的面貌和感觉，就可以释放出强大的生命力；否则，被抑制的情绪能量就会转变为压力，对他们造成某种程度的损害。

自我接纳的基础是接受我们自己的本来面目，了解我们并不需要改变任何事，只需要和已经存在于体内的爱联结起来。如果不能无条件地接纳自己的本来面目，将使我们排斥自我的全部或其中的一部分。处理负面情绪的最佳办法，就是专注在感觉上，不要把重心放在那种感觉之上的标签或是评价上。你感觉到什么？你感觉到的部位在哪里？这份感觉有多强烈？找到情绪的出处其实并不重要，因为出处从来都不是真正的问题，出处只不过是情绪的诱因。

人生中许多的不完美，都是因为站在自己的角度去羡慕别人的好。岂不知别人也没有你想象的那么好，你只是看到他们光鲜亮丽的外表，他们真正的内心又是怎样的呢？因此，我们不要因羡慕和妒忌而卷入消极情绪的旋涡，不能自拔。其实，我们完全可以选择走出不完美的心境，而不是在不完美里哀叹。

有一个盲人，小时候深为自己的缺陷而烦恼沮丧，情绪低落，认定这是老天在惩罚他，自己这一辈子完了。后来一位老师开导他说：“世上的每个人都是被上帝咬过一口的苹果，都是有缺陷的。有的人缺陷比较大，是因为上帝特别喜爱他的芬芳。”盲人听后受到了很大的鼓舞，从此他振作起来，向命运挑战。若干年后，他成了一名著名的盲人推拿师。

过分追求完美的人，不但无法让自己获得成功，还会影响别人能力的发挥。

郑燕是某酒店的大堂经理，她对于完美的追求是，“只有自己拥有了最好的，才会真正快乐”。于是她每天化着很精致的妆容，从服装到饰物全部一丝不苟。对事业、对感情，她也是坚持同样的理论。如果不能做到最好，那就干脆不做。她把自己的时间分成几大块，每天都在为自己的目标奋斗着。因为对自己原本不错的外形不满意，她在一年内先后割双眼皮，隆鼻，做了脸部整形、腹部吸脂、臀部吸脂、丰胸等多项手术，结果她不得不承受整形带来的巨大的不良反应。

因为对情感追求完美，她与体贴有加、英俊潇洒、事业有成的男朋友分手了。理由是有一次她生病了，男朋友没有来照顾她。用她自己的话说，爱情就应该是无条件以对方为第一位，否则怎么能算是最好的爱情，于是她不顾男朋友的解释与挽留，毅然选择了分手……

然而，随着时间的推移，已是年近不惑的郑燕却说：“我开始害怕完美，正是这种对完美的追求毁了我的健康、爱情，很多原本属于我的很美好的东西全部不见了。我过分追求完美，结果却被完美所害……”

经历了岁月的风风雨雨，看多了人生的起起落落，郑燕开始明白一个道理，完美只能作为一种情结，它根本不存在于这个世界上，因为我们都是凡人。从此，她开始习惯“平平淡淡才是真”，习惯“顺其自然”，更知晓了“知足常乐”才是生活的真谛。

人生要求完美，但完美本是用来引领你前行的，如果将它做成沙袋捆缚在身上，让生命背负着如此沉重的负担前行，那巨大的牵累与莫名的恐惧就一定会羁绊住你的手脚，让生命不堪重负。

学会接受不完美，把目光放得远一些，把心态放得平和一些，让生命恬淡成一泓波澜不惊的湖水，水穷之处待云起，危崖旁侧觅坦途。自然，多少的不完美都无法妨碍生命的美丽，甚至正是这种不完美，才让我们深刻体会到生命的意义。

体会心境，让情绪向积极方向前进

我们多数人的生活境遇都不是事事如意的。这种境遇相当于半杯咖啡，你面对这半杯咖啡，心里产生了什么念头？消极的自我暗示是为少了半杯而不高兴，情绪消沉；而积极的自我暗示是庆幸自己获得了半杯咖啡，那就好好享用，因而情绪振作，行动积极。

由此可见，心理暗示这个法宝有积极的一面和消极的一面，不同的心理暗示必然使人们做出不同的选择与行为，从而产生不同的结果。有人曾说：一切的成就，一切的财富，都始于一个意念。你习惯于在心理上进行的自我暗示，就是你贫富和成败的根本原因。

一位网约车司机接送完客户，行驶在又黑又暗的偏僻山路上。突然，他发现汽车的轮胎破了，需要更换，但他车上没有千斤顶。他看见不远处路边一家农房里透着灯光，于是下车向前走去。他一边走，一边在心里反复盘算：这么晚了，要是没有人来开门，怎么办？要是他们家没有千斤顶，怎么办？即使有也不肯借给我，又该怎么办？他这样想着，心里越来越烦乱，情绪越来越低落。

人的命运是由自我意识决定的，这句话的含义就包括潜意识的作用。因为积极的心理暗示要经常进行，长期坚持，这样，积极的自我暗示就能自动进入潜意识，影响潜意识，只有潜意识改变了，才会形成习惯。

一家著名的公司要招聘一名会计，几经筛选，最后只剩下两个人有幸参加复试，小芳就是其中一人。复试由老板亲自主持，第一个候选人刚走进老板办公室，老板便丢了一张百元钞票给他，并命令他到楼下买包香烟。

这个候选人心想，自己还未被正式录用，老板就颐指气使地命令他做事，因而感到相当不满，认为老板故意伤害他的自尊心。因此，老板丢出来的钱，他连看都不看，便怒气冲冲地掉头离开。一边走，还一边气呼呼地咒骂："哼，他凭什么支使我，这份工作不要也罢！"

小芳一进来，也遇到相同的情况，只见她笑眯眯地接了钱，毫无怨言地下楼为老板买了一包烟，还把找回来的钱全交给了老板。结果很明显，老板与小芳签订了合同，放心地将会计工作交给她。

后来，老板告诉小芳，在她前面复试的那个候选人，是多数老板最忌讳的类型，毕竟，只会用情绪来处理事情的人，任谁也不敢将工作托付给他。

潜意识就像一块肥沃的土地。一个人可以经由积极的心理暗示，自动地把成功的种子和创造性的思想植入潜意识的沃土；相反，也可以植入消极的种子和破坏性的思想，而使潜意识这块肥沃的土地野草丛生。

坚持心理上积极的自我暗示，对个人获得成功是非常重要的。

1. 通过心理暗示的作用，把树立成功心理、发展积极心态这个总原则变成可以具体操作的方式和手段。

2. 心理暗示是人的自我意识中意识和潜意识之间的沟通媒介。人的思想和行为不可能一直通过意识进行选择和控制。通过经常持久的积极暗示，让自信主动与潜意识接通，这才是真正的具有巨大魔力的自我意识。

3. 由于心理暗示的内容是具体的、实际的，所以坚持积极的自我意识就必然要选择确立自己的目标。而且主要的目标将渗透在潜意识中，作为一种模型或蓝图支配你的生活和工作。

4. 通过心理暗示这个具体、实际、可以操作的环节，我们能把内容复杂的成功心理学知识融会贯通，化作简单明确而又坚定不移的信心和意志，并且可以立刻行动。

别让难以抑制的激情支配自己

一个人要想成大事，需要有稳定的情绪和成熟的心态。缺乏对自己情绪的控制，是做事的大忌。如果一个人一会儿心情忧郁，情绪一落千丈，一会儿又情绪高昂，手舞足蹈，试想，有哪个领导愿意用这样情绪不定的人？一个人是否能够有所成就，机会和能力是最主要的，但是会控制情绪也是不可缺少的重要条件。

马利是美国一家大银行的董事长，一次，他任命某人为销售部主任，遭到许多股东的反对。股东们为了让马利收回决定，便派代表面见董事长，提出疑问，要求他说明派该人当销售部主任的理由。为首的股东，身材矮小、脾气暴躁、说话粗声粗气，开口就给董事长一顿难堪的讥骂。但是马利不吭一声，任凭对方骂得声嘶力竭。最后，马利才用极为婉转的口气说："你现在的怒气也应该消了吧？照理说你是没有权利这样责骂我的，但是现在我仍愿详细解释给你听……"

这几句话把那个股东说得羞惭万分。马利不等他道歉，便和颜悦色地说："其实我也不怪你，因为我想任何不明究竟的人，都会生气。"接着便把理由解释清楚。

其实，不等马利解释，那个股东早已被他折服了。他私下懊悔不该用这样粗暴的态度责备一位和善的董事长。他满脑子都在想自己的错，因此当他回去报告经过时，只摇摇头说："我记不清董事长的解释，但只有一点可以报告，那就是董事长并没有错。"

这个故事告诉我们，人在愤怒的那一瞬间，往往会失去理智。不发怒不但使马利的解释获得极有效的助力，而且使那个股东彻底反思自己，以后不再做出令人难堪的举动。

在一个不易发怒的人面前，更不可发怒，否则你一定会遭遇无法挽回的难堪，像那个责骂董事长的股东一样。同时，如果你欲制服一个大发脾气的人，再没有比谦逊温柔更好的办法了。

在心理学上，人发火是内心力量的体现。激情发生时，人们的意识对行为的控制被削弱，因此，在激情发生时人们会有强烈的外部表现，如狂喜时手舞足蹈，愤怒时暴跳如雷，恐惧时浑身颤抖，等等。处在激情状态之下，人的认知活动受到了限制，不能清醒地意识到自己行为的意义与后果，在激情消失之后往往会对自己的行为后悔不已。

但是，这并不等于激情发生时人们是完全无意识的，可以不用对自己的行为负责。实际上，激情发生时是意识被削弱而不是没有意识。所以，在激情爆发时，每个人都应该有意识地设法控制自己的激情。

关注情绪应激，打造自我防御机制

现代社会，由于生活节奏加快，社会竞争日益激烈，人们的生存压力普遍加大，情绪很容易变得急躁。情绪失控的主要表现是关键时刻沉不住气，如脸红、哭泣、手足无措、坐立不安、咄咄逼人、强词夺理、胡搅蛮缠、大发雷霆、出言不逊、得理不饶人，甚至动手动脚，这些都会让你的形象毁于一旦。

有些人固然拥有不错的才华，却因此自视高人一等，甚至目中无人，狂妄自大，不注意控制自己的情绪。这种一意孤行的心态及行为，终将自食其果。真正优秀的职场人士除了有娴熟的工作技能，还必须有成熟的心理素质，必须善于克制自己的怒火，给人的印象应该是温和平稳、张弛有度、不亢不卑、能屈能伸，这才是应有的修养和表现。有时候，心理素质比工作能力更能决定你的命运。

一般来说，常见的自我防御机制包括以下几点。

1. 否认。

否认是指对某种痛苦的现实无意识地加以否定，因为不承认似乎就不会痛苦，这个过程可使一个人逐渐地接受现实而不致猛然承受坏消息或痛苦，是一种保护性质的、正常的防御。

2. 压抑。

压抑是指把意识所不能接受的观念、情感或冲动压抑到无意识中。比如，对痛苦体验或创伤性事件的选择性遗忘就是压抑的表现。

3. 合理化。

合理化又称文饰作用，是指无意识地用一种似乎有理而实际上站不住脚的理由来为其难以接受的情感、行为或动机辩护以使其可以接受。合理化有两种表现：一是酸葡萄心理，即把得不到的东西说成不好的；二是甜柠檬心理，即当得不到葡萄而只有柠檬时，就说柠檬是甜的。两者均是掩盖其错误或失败，以保持内心安宁的方法。

4. 移置。

移置是指无意识地将指向某一对象的情绪、意图或幻想转移到另一个对象或替代的象征物上，以减轻精神负担，获得心理安宁。

5. 投射。

投射是指自我将不能接受的冲动、欲望或观念投射于别人。

6. 反向形成。

反向形成是指内心的一种难以接受的观念或情感以相反的态度与行为表现出来。

7. 退行。

退行是指一个人遇到困难的时候放弃已学到的比较成熟的应对技巧和方式，而使用原先比较幼稚的方式去应对困难和满足自己的欲望。

8. 过度代偿。

过度代偿又称过度补偿，是指一个真正的或幻想的躯体或者心理缺陷可通过代偿得到超乎寻常的纠正。这是一个有意识或无意识的过程。

9. 抵消。

抵消是指一个不能接受的行为象征性且反复地用相反的行为加以显示，意图解除焦虑。

10. 升华。

升华是指一种积极的富有建设性的防御机制。因为它可以把社会所不能接受的性欲或攻击性冲动所伴有的能量转向更高级的、社会所能接受的目标或渠道，进行各种创造性的活动。

11. 幽默。

幽默是指对于困境以幽默的方式进行处理。

12. 认同。

认同是指个体对他人（一般是自己敬爱和尊崇的人）的认同，以消除个体因无法获得成功而产生的挫折与焦虑。

自我监测：了解你的情绪积极率

积极情绪是我们每个人天生就拥有的宝藏。我们并不是因为生活圆满、身体健康才感受到积极情绪，而是由衷的积极情绪创造了圆满与健康，心理学家芭芭拉·弗雷德里克森将其归结为积极情绪的力量。

积极情绪让我们活得更好，它能扩展我们的思维，拓宽我们的视野，敞开我们的心灵和头脑，使我们更善于接受，更富有创造性，为我们构筑美好的未来。通过开放心灵和思想，我们能够发现和构建新的技能、新的关系和新的生存方式。它从心理优势的构建、良好的心智习惯、丰富的社会联系、健康的身体等方面来帮助我们做一个成功的自己。

布赖恩起初只是泰德先生办公室的助手，职位很低，但他注意到每天下班后，所有的人都回家了，泰德先生仍留在单位，而且会一直工作到很晚。于是，他决定在下班后也留在办公室内，必要时可以为泰德先生提供他所需要的协助。最初，他只是随时等待泰德先生的吩咐，但后来泰德先生开始倚重他，有什么事都找他，他也因此学到了更多的东西。布赖恩从不觉得加班辛苦，因为他认为自己虽然只做了一些协助性的工作，但也是为自己工作，是在锻炼自己。就是凭借着这样的认真精神，他赢得了公司领导的好评和信任，并很快获得晋升。

由此可见，如果在工作中，你做到了主动，那么首先你就已经赢得了这场比赛的参赛权，接下来就看个人潜力的发挥了。如果你想让自己的工作得到别人的肯定，那么，你的工作就要有创造性，不能墨守成规。只要你解开了头脑中的绳索，拉开了思想的闸门，你就会发现灵感的火花四处迸发。当然，仅有创造的激情是不够的，创造力源于长期的积累。没有广博的知识、丰富的经历，不投入地工作、深入地思考，是无法产生创造力的。

积极情绪对于所有人的成长都是必不可少的，积极情绪让我们生机勃勃，人类对积极情绪的向往类似于植物的向光性。对未来的积极情绪包括乐观、希望、信心和信任；对现在的积极情绪包括欢乐、狂喜、平静、热情、愉悦和心流体验（这点最重要），这些是人们在谈到幸福时常用的字眼；对过去的积极情绪包括满意、满足、成就感、骄傲和平静。

如果你的积极率不理想，那你就需要付出长期的努力来改变它。提升积极率的方法有以下几点。

1. 多关注自己身上的积极因素，同时经常给自己一些正向的暗示。

2. 每当获得成功的时候，多给自己一些鼓励，以增强正向的认识。

3. 及时处理负面的经历和情绪，用正向的观念替代它。

4. 软弱和惧怕往往源于未知。所以，增加在生活中的历练，增长见识，有助于提高抗压能力。

CHAPTER 03

第三章

识别情绪，发现自己的情绪反应

经验性回避：你为什么感知不到情绪

生活中，你是否由于惧怕负面情绪的糟糕体验，而拒绝面对情绪的主观体验，甚至不承认自己有这样的情感状态？但是回避不仅意味着我们的力量弱小，难以勇敢地面对巨大的情绪冲击，还可能导致情绪感知能力越来越匮乏。

一个人为了维护自己的面子和自尊，担心缺点和错误被人看穿，从而影响自己的发展和成功，常常会有意无意地以种种方式来拒绝、逃避批评，很少有人能真正地把批评看成针对自己的行为而不是针对自己的人格。即使是“忠言”，听起来也“逆耳”。

从理智上说，没有多少人不懂得“人无完人”的道理，也没有多少人不知道对待批评应本着“有则改之，无则加勉”的态度。平时，我们不难听到或看到有些人使用“欢迎批评”一类的词语，甚至自己也用过。

然而，生活中常有这样的事发生：有的人一听到别人对他的批评就大发雷霆，他不是去虚心听取，反省其身，而是反唇相讥：“你凭什么来教训我！”言外之意是对方也有缺点，没资格批评他。我们须知“金无足赤，人无完人”，如果只允许没有过失的人批评自己，那么你终生都不会听到对你过失的批评意见，一辈子也不会得到他人的帮助。久而久之，你会陷入孤立无援的境地，既害了自己，又损害了事业。所以，当别人批评自己时，感谢对方的批评，才有益于自己改正过失，这样，哪还有心思去计较他人是有过还是无过呢？

长期保持高度的乐观和自信，可以帮助你不断地获得成功。但是在生活、工作、学习以及与他人的交往中，总不免被人批评，受人指责。越是有成绩、有名望的人，越容易受到别人的非议。

情商高的人，往往从积极的方面理解别人的批评，包括那些不公正的责骂。他们会把别人的批评看成改进自己工作、完善个性、克制情绪、提高心理承受力以及激发斗志的机会。

知道自己在做什么是很重要的，别人如何看待你的工作、决定、努力、动机或成就，这些都不要紧，因为只有我们最清楚自己所作所为的重要性。即使到了盖棺论定的时候，也应该依据自己的价值观及信念来评估。

情绪的自我辨认：去体验而不是想象

情绪意识就是对情绪的认识、觉察的能力。想要对自己的情绪进行有效的调控，我们首先需要对其进行觉知。换句话说，就是能够认识到自己的心里正产生怎样的情绪，是好的、令人愉快的情绪，还是不好的、令人痛苦的情绪。其实我们每时每刻都有情绪产生，或强或弱，有些情绪甚至会弱得让我们感受不到。

不要让生活中任何一件不如意的事坏了一天的好心情。要确信，我们一定可以在每天的生活中发现一件有趣好玩的事情，不管生活多么不如意，不管我们多么倒霉，只要用心感受，我们就可以发掘许多让我们情绪高昂的事情。

有这样一个母亲，每当遇到高兴的事情时，她就马上把它记在本子里。比如，孩子入托、丈夫升迁、家庭聚会、到郊外野餐、得到赞许……她都会一一记录下来。好友问她为什么这样做，她笑着回答，每逢情绪低落时，她就泡一杯咖啡，坐在摇椅上，轻轻地打开本子，在柔和的音乐声中，读一读里面所记录的快乐事情，心情立刻不一样了。

这位母亲之所以能够天天快乐，就是因为她懂得快乐是可以制造的道理。她让自己天天都有好心情，她相信每天都会发生令人高兴的事，她也在试着为自己设计一个快乐日历，甚至制作快乐日记，每天在上面记录让自己快乐的事情。

其实，快乐属于每个人，在我们的生活中快乐无处不在，得到它也非常容易。关键在于我们有没有一双善于发现的眼睛，有没有一个理性的头脑，有没有一双制造快乐的手。

快乐不是虚无的，它是可以看见的。然而，令人遗憾的是，我们周围总有些人以为快乐是奢侈的事，需要大量的金钱、幸运的机遇和美满的生活才能获得。当他们心情苦恼的时候，他们从来没有相信过，快乐其实是可以主动去创造的，是可以通过技能去获得的。

比如，当心情郁闷的时候，你可以穿上休闲衣裤，来一次慢跑，让自己出一身汗；当遭遇工作压力的时候，你不必一支接一支地抽烟解闷，而应走到窗前，对着蓝天白云，张开双臂，做几次深呼吸；你还可以暂时放下手头的工作，和同事聊聊天、听听音乐，幻想自己中了彩票大奖……

人是具有主观能动性的，当原本充满活力的生活变得乏味时，我们不妨出去散散心，让心灵完全回归大自然，用另一种方式创造属于自己的快乐。我们应该相信自己有创造快乐的能力，做个积极制造快乐的人，而不是一味地等待和忍受。

培养情绪意识，主动观察情绪的影响

还记得自己有多久没陪家人吃过晚饭了吗？还记得自己有多久没仔细关心过孩子了吗？还记得自己有多久没联系以前的朋友和同学了吗？还记得自己有多久没闻过花香，没听过鸟鸣了吗？还记得自己有多久没有在小雨中闲庭漫步了吗？如果你的答案是很久了，那么你有必要停下忙碌的脚步，因为你忽略了快乐才是生活的本质。

其实，真正幸福快乐的生活首先是身体健康，心情愉快，精神上自由自在。其他的东西，如权力、金钱和地位则是处于从属地位，如果将这些东西置于身体健康、心情愉快和精神的自由自在之上，就会本末倒置，丧失了人生的价值和意义。

人的情绪和身体是紧密地联系在一起的。当心情愉快时，人们的身体感觉是轻松舒适的，而心情不好也就是负性情绪比较强烈的时候，人们的身体会随之出现各种不适感，如心慌、脸红、肌肉发紧，甚至腹胀、腹泻。

所以，对自己的情绪有所察觉，才能够更好地理解身体不适所代表的意义，才不会去过分地解读。而当自己觉察不到情绪的时候，或者对情绪不敏感的时候，就容易对情绪所引发的身体感觉进行错误的解读。

小周是一位癌症患者。他告诉朋友：2008年，他下岗了，令他没有想到的是，在随后一次例行的身体检查中，他检查出了肝癌。“当时的打击犹如晴天霹雳……”至今回忆起多年前的情景时，性格坚强的他眼睛还是会湿润。

一年中他经历了三次大手术，在巨大的病痛面前，他不仅没有沉寂，反而变得更加坚强。2010 年夏天，大病初愈的他并没有赋闲在家养病。不顾亲友的百般劝阻，他在离家不远的街道拐角处开了一家饭店，他每天总是早早来到饭店，上上下下，屋里屋外，忙忙碌碌。遇到行家时，他总是不放过一切机会多学多问。饭店正式营业后，他常征询顾客的意见和建议，并有意识地观察顾客吃剩下的菜，总结分析顾客的口味喜好，不断加以改进。

七年过去了，他靠着诚实守信、文明经营，饭店无论是在经营规模还是接待档次上，都呈跳跃式的发展变化，饭店的名声也渐渐大了起来。

现在已经拥有百万资产的小周不忘回报社会，他除了先后吸纳 50 多名下岗失业人员和待业青年来他店里打工，还积极参与社会公益事业。在慈善募捐活动中，他不仅带头捐出 10 万元现金，还劝说亲朋好友和周围的人都献出一份爱心，加入慈善事业。当记者问他，为什么把自己辛辛苦苦挣来的钱如此慷慨地捐献出来救助别人时，他回答说："虽然我是个小人物，但我愿把我的一切献给需要救助的人。因为这样做能够让我活得很充实，很快乐。"

我们的生活，简言之，主要是一种情感的生活。小周很容易知足，他知道怎样热爱生活，知道怎样让生命更有意义地度过，尽管他的生活很平凡，却有滋有味。我们人生中一切的美好都需要在快乐的情感上生根、发芽、结果，没有快乐的情感，再长久的人生也会失去生命的原有意义。

正念的力量：提升自我觉察能力

生活中，我们常常会被情绪问题所困扰，也有许多人会有意识地去学习情绪管理的知识，希望自己能够不被情绪牵着鼻子走，能够在问题来临时，保持清醒和理智。当兴奋、恐惧、愤怒等情绪来临时，你能及时感觉到吗？

其实，生活中原本有许许多多快乐的事情，有时候，只需要我们稍稍转变一下观察生活的视角与态度，就可以让自己变得开心起来。

有这样一对夫妻，他们从小一起长大，有深厚的感情基础。但结婚十年后，也许是彼此太熟悉的缘故，他们相互觉得对方已经对自己失去了吸引力，于是当初快乐的美好感觉被平淡的家庭生活冲刷得一干二净。

一次，丈夫所在的单位给了他一个假期。当他们终于来到了一望无际的大草原上，看着远处飘浮的几朵白云，还有那不染纤尘的湛蓝天空，他突然感到了心灵的颤动，禁不住纵情高歌："蓝蓝的天上白云飘，白云下面马儿跑。挥动鞭儿守四方，百鸟齐飞翔……"歌声感染了身边的妻子，她含笑注视自己的丈夫，兴奋地跳起了舞。没有了城市喧嚣的噪声，没有了刻板的工作，远离了钩心斗角的人际纷争，他们欢快地唱着、跳着，尽情享受着草原的美景，完全忘记了人生的烦恼。那一瞬间，美好的记忆一下子在他的脑海中复苏，快乐的时光在他眼前重新闪现。

生活中并不缺少快乐，只是缺少一双发现快乐的眼睛。所以，只要我们善于发现，就会看到家庭生活中处处充满快乐和温馨。一旦我们认识了这种快乐，就要选择用自己的方式去关爱家人，比如暂时放下家务陪陪丈夫，或是停止手头的工作帮助妻子做些家务等。

我们要学会去觉察自己的情绪，进而接纳自己的情绪。正念的内涵就是帮我们有意识地对事物进行不加评判的觉察，保持清醒地、如实地去观察当下发生的一切。一般来说，我们要提升正念的力量，需要从情绪、思维、身体反应及行为四个方面进行全面的觉察，进而改善我们的生活。

1. 情绪。

情绪是一种信号，提示我们对外界的刺激采取反应，去处理即将或已经发生的问题和事件。在这种情况下，情绪可以为我们所用。长期进行正念练习，我们会更容易觉察情绪的变化，这会让我们更容易放松，也让我们对自己更加宽容，及时地处理当下需要面对的问题。

2. 思维。

对思维的觉察，就是尽量从容地去留意你的脑海中产生了哪些念头，或者是什么画面。这些念头或画面，就是我们对情景的诠释，也正是这些诠释，让我们产生了不同的情绪。通过觉察自己的思维，可以发现它们是怎样影响我们的，同时，通过思维觉察，我们也会慢慢认识到：想法只是想法，想法不等于事实。

3. 身体反应。

我们经常会忽略在情绪来临时，身体出现的不同反应。当我们忽视身体的紧张与压力时，情绪就会对身体和无意识造成更多的压抑和问题。通过正念练习，我们可以不断感受自己的身体反应。通过意识与身体的对话，我们可以更好地了解自己。关注自己的身体，你可以提高社会交往效率，也助于身体健康。

4. 行为。

我们习惯认为，问题需要解决，责任必须承担。当我们置身于一些情景中或面临一些状况时，常常倾向于第一时间采取行动。但这种方式可能让我们为了行动而行动，反倒忽略了许多事情。练习正念，可以帮我们觉察自己当下所处的环境，学会分析事情本身的发展，看清客观事实的走向。当我们学会停下来，用旁观者的身份去观察、理解和思考时，有利于我们采取更为有效的方法去应对发生的一切。同时，我们也能通过正念来清理和重构自己的生活——对不利于我们身心健康的行为进行断舍离，建立更适合自己、让自己更舒适的生活习惯。

追踪情绪反应：发现情绪带来的信号

每一种情绪都带着重要的信息，提示我们对外界的刺激采取反应，去处理即将或已经发生的问题和事件。比如，恐惧让我们迅速逃离，喜悦让我们手舞足蹈，所以情绪的原始功能其实是确保生存。越是我们认为不好的情绪，如焦虑、愤怒等，越是传递着关乎生存或安全的关键信息。也就是说，越是不好的情绪传递的信息对你越有价值。

一般来说，不良的情绪是引起我们身体疾病的重要因素，大量临床医学研究表明，小到日常感冒，大到危及生命的肿瘤和癌症，都与坏情绪有着微妙的关系。

紧张与快节奏的都市生活，让越来越多的人一不小心就患上了“精神感冒”。看看我们周围，突然间有了那么多整天喊“郁闷”的人。我们应该怎么办？是迎接还是逃避，全在你内心的态度。

一个在某工厂工作的年轻女孩，因工作与所学专业不对口，认为自己“英雄没有用武之地”。多次想调动工作，可是终未能如愿。几经周折后，她陷入了深深的痛苦中。女孩在向我诉说“不幸”时，虽然强打精神，强颜欢笑，可脸上仍带着苦涩。

很多人在生活中都有过类似的遭遇：当感情、环境、个性乃至兴趣、爱好等受到外界严重限制时，在一个特定的条件下，遇到意想不到的压力时，如果性格较弱就很容易被压力击垮。

情绪是我们的朋友而非敌人，它能帮助我们认识自己，带给我们力量。有时，情绪的产生是为了协助我们跟他人沟通，而沟通的目的是与人友好，达成融洽的局面。若产生情绪而没有沟通，只会给双方带来更大的误解：我们不是要用情绪来指责对方，而是告诉对方你的情绪，让对方了解你的感受。

情绪是人的需要是否得到满足的心理体验。当人的情绪长期处于否定、消极和紧张状态时，就会引起身体上的反应，如发生心血管、消化系统等的病变，特别是持久的情感压抑、愤怒、悲痛等，对癌症的发生和发展有一定的影响，所以我们要学会驾驭自己的情绪。

1. 意识调控。

时时提醒自己，不要发脾气，不要消沉，要乐观。

2. 情绪转换。

在生活中遇到不如意时，可以把自己的注意力转到其他方面，切勿陷入其中不能自拔。

3. 推迟发生。

尽量推迟过激情绪的发作时间，在事实尚未了解清楚之前，先不要发火，这样往往可避免情绪的失控。

4. 改变思维方式。

在情绪产生前，改变自己的思维方式，从不同的角度，甚至站在对方立场上多想想，就会使坏情绪得到控制。

钟摆效应：了解自己的情感晴雨表

在生活中我们经常会发现这样的情况：自己的情绪会毫无来由地变差，无论做什么事情都没有精气神，而且这种情绪往往会持续一段时间。如果自己一直沉浸其中的话，那么情绪便会一直处于不良状态，其实这就是情绪的周期性，如同一年分为春夏秋冬四季一样，人的情绪也会出现周期性的变化。

所谓情绪周期，指的是一个人情绪的高潮和低谷交替所经历的时间。它反映了人体内部的周期性张弛规律，又被称为情绪生物节律。每一个情绪周期都包含了情绪从高潮逐渐转入低谷的过程，如同人们情绪的“晴雨表”。

张华是一名中学教师，这几天他有些郁闷。相处不久的女朋友不知遇到了什么问题——每天晚上的例行电话没聊几句，她就不耐烦地匆匆挂了。而以前每个晚上，两个人聊天时总是你侬我侬，不把电话聊得烫手都不舍得放下。

张华担心女朋友生病了，周末专门赶去看她。女朋友虽然一直笑着跟他说没事，但看得出来，她有点儿强打精神。张华催女朋友去医院，她却拒绝了，说自己只不过有点儿疲惫，休息几天就好。两天后，两人再次相见，女朋友果然恢复了原状，对他关怀备至。一段时间过后，张华发现女朋友又出现了不耐烦的情况，他不由得对这段感情产生了怀疑。

其实，张华的女朋友并非虚情假意，而是陷入了情绪周期的低谷。一般情况下，人们的情绪周期在 28 天左右，前一半时间为高潮期，后一半时间为低谷期。根据每个人的特点，情绪周期也有长有短。在高潮与低谷之间，有 2 ~ 3 天的临界期。如果张华认识到情绪周期的存在，就不会误解他的女朋友了。

情绪周期是与生俱来的，不过受影响程度却是因人而异的。有人遇到情绪低谷时，只是暂时感到情绪低落，很快就会恢复常态；有人遇到情绪低谷时，却可能长时间沉浸在低迷的状态中不能自拔。在日常生活中，我们有必要掌握应对周期性情绪变化的方法，学会利用情绪的周期性，使其积极作用于我们的生活、工作和学习。

1. 提前做好准备。

把情绪周期看成一种正常的现象，并且对情绪低谷期的来临做好充分的心理准备。

2. 以不同的方式应对压力。

当感到情绪低落时，不要觉得自己一无是处，觉得自己没有能力应付，从而让失控感吞噬了自己。相信自己有能力以不同的方式来应对这一切。

远离情绪黑洞，别被他人的坏情绪污染

情绪就像感冒一样具有传染性，不管是好情绪还是坏情绪，不管是在生活中还是在工作中。我们经常会遇到种种不如意，有的人因此大动肝火，结果把事情搞得越来越糟。而有的人则能很好地控制自己的情绪，泰然自若地面对各种刁难，在生活中立于不败之地。为了更好地适应社会，获得成功，你有必要调控自己的情绪，不要被他人的坏情绪影响，要理智客观地处理问题。

小杨是一名大学生，毕业后进入一家广告公司。一天，同事告知小杨老板要见她。小杨还没走进老板的办公室，就听见老板在屋子里大发雷霆："你们都是怎么办事的？"小杨小心翼翼地敲了敲老板的办公室门，过了一会儿，听见老板高声说："进来！"小杨进了老板的房间，看见几个同事正垂头丧气地站着挨训。看见小杨，老板没好气地说："你怎么现在才来？"然后对着其他人说："你们可以走了！"那几个同事赶紧离开了办公室。

凭小杨的经验，这次被老板召见将是凶多吉少。果然，老板拿出小杨昨天交的企划案，"啪"的一声摔在桌子上："你写的这是什么？连客户的基本情况

都没有搞清楚！”小杨不敢申辩，只好低头听着老板的训斥。老板训了多长时间她不知道，直到听到老板说：“出去吧！”她这才一溜儿小跑回到自己的座位上。小杨心里委屈极了，她的企划案明明是按照周一开会时老板提的要求写的，现在却被他批评得一文不值。后来小杨从同事那里得知她接手的这个客户还有几家公司也在抢，而且实力都很强，老板当然心烦了。于是小杨没有了对老板的厌恶，又去做了两个方案，老板向她和同事们道了歉，小杨的新方案也赢得了客户的认可。

小杨是一个懂事的员工，她在面对老板发火时虽然觉得委屈，但是她仔细分析了一下事情的起因，觉得老板发火可以理解，也很正常，她的工作确实做得不到位。她把委屈转移到了工作上，努力进取，为公司赢得了机会，老板发火的机会自然也就减少了。

每个人都会遇到不顺心的事，每个人也都有脾气，发火是一种正常的宣泄，如果憋在心里会加重心理负担，更加影响工作和生活。情商就是情绪智商，它不是天生的，更多的是靠后天的培养和磨炼所得。情商高，代表着自控力强，人际关系和社会适应力也比较好。反过来说，情商低，代表一个人常常会陷入大悲大喜之中，因为忧郁而一事无成，或者是脾气暴躁无常，常出现暴力行为，人际关系紧张，社会适应力也较差。

一个人的情绪管理得好，相对来说，他的自制力就会更强，因而做事的效率更高，成功的概率也会跟着提高。唯有在了解自我的情况下，才有可能进一步管理情绪，达到自我激励、发挥创造力等目的。

情绪日记：把你的情绪变化记录下来

情绪在某种程度上反映了人对外界事物的态度。情绪周期性的特点使得我们的情绪就像天气一样，时而晴空万里，时而乌云密布，时而狂风暴雨，时而阳光明媚。因此，像天气晴雨表一样，我们也有必要为自己制作一张“情绪晴雨表”，用日记的形式记录下自己情绪的变化，从而认识自己的情绪，并学会正确表达和调节自己的情绪，做自己情绪的主人。

小爽是一家杂志社的编辑，从小学三年级开始，她就养成了天天写日记的习惯。一年前，她的日记增添了新内容，她开始把自己的情绪变化写进日记，选择自己印象中最深刻的两三个情绪变化，记录自己产生了什么情绪，是什么时候产生的，是什么原因引起的，这些情绪让她产生了什么行为，有何生理上的反应，以及她应该怎么处理更好。

小爽告诉朋友，每天起床前，她都会静下心来回顾前一天发生的事情，结果她发现，自己之前很多行为都是被情绪控制了。她对自己期待能够拥有的品格，包括快乐、正直、谦虚、包容等，都做得不像自己想象中那么好，而她在做事时经常不自觉地表现出对别人的不尊重、自大、骄傲、得理不饶人、对别人的不认可、目标上的不确定性，理想与现实的落差让她更容易产生焦虑、无助、刻薄、急躁、无助等情绪。

通过每天记录情绪变化的日记，她发现自己和同事之间的关系原来并不如她想象的那么良好，因为她一直在不自觉地伤害他们。可能同事嘴上会说不介意，但是这就像木桩上的钉子一样，就算拔出来，伤痕也永远会在那里，慢慢地，同事就有可能和她产生隔阂。以前小爽也知道这个道理，但都是凭感觉，并没有理解到位，于是一次次重复着先前的错误。开始记录情绪日记后，小爽知道了具体哪些场合、哪些话题会引起她心理上的变化。通过观察，她产生了克制和改变的想法，当再次遇到这些情况时，她会选择一种更恰当的方式和别人沟通，交流彼此的想法和意愿。

平衡情绪是维持心理健康的重要基础，情绪失衡人就有可能生病。那么怎样才能保持情绪平衡呢？

1. 对自己不苛求。

有的人把自己的目标定得过高，根本没有能力达到，于是终日郁郁寡欢。有的人做事要求十全十美，对自己近乎吹毛求疵，往往因小小瑕疵而自责不已。如果把自己的目标和要求定在自己的能力范围之内，自然会心情舒畅。

2. 对他人期望低。

许多人把希望寄托在他人身上，若对方达不到自己的要求，便会大失所望。其实每个人都有自己的思想，有自己的优点和缺点，何必要求别人迎合自己。

3. 发怒时要遏制。

当你勃然大怒时，会做出很多蠢事，与其事后后悔，不如事前自制，把愤怒平息下来。

4. 要学会屈服。

一个做大事的人，处事要从大处着眼，心胸开阔。在小事上不必过分坚持，以减少自己的烦恼。

5. 找知己诉衷情。

把所有的抑郁埋藏在心底，只会使自己郁郁寡欢。如果把内心的烦恼告诉你的朋友，就会令你顿感舒畅。

6. 管事情不要太多。

心理学家发现，忧虑、精神崩溃等的主要原因是急需处理的事情太多，精神压力太大。要减少自己的精神负担，不要同时管太多的事，以免弄得心力俱疲。

7. 对他人保持善意。

如果在适当的时候表示自己的善意，多交朋友，少树敌人，心境自然会平静。

8. 抽出时间多娱乐。

抽出时间来参加娱乐活动是消除心理压力的最好办法，娱乐的方式并不重要，重要的是让心情舒畅。

积极恳谈：从他人眼中审视自身情绪

在日常生活中，我们常处于各种评价和议论的包围之中，有人会赞许你、称颂你，有人会批评你、责备你，甚至还有人会轻视你。那么在各种议论中，究竟哪一个“你”才是真实的呢？在投向你的形形色色的目光中，你自己又能否准确无误地分辨呢？你是从这些评价和议论中汲取营养丰富自己、改善自己，还是丧失了自主精神淹没在他人的议论中呢？

通常，他人的评价比自己的主观认识更具有客观性。如果自我评价与周围人的评价相差不大，就表明你的自我认知能力较好，反之，则表明你在自我认知上有偏差，需要调整。不过，对待别人的评价也要有认知上的完整性，不可只以自己的心理需要注意某一方面的评价，而应全面听取、综合分析，恰如其分地对自己做出评价。

一个人只有先了解自己的情绪，才能充分合理地利用情绪，并进一步操控、驾驭自己的情绪。如果不能了解自己的情绪，就只能听任它的摆布，从而成为情绪的奴隶。要想进一步了解自己的情绪变化，就需要知道什么是触动自己某种情感的诱因，特别是当最强烈的感觉被触动时，是什么让自己觉得受到了刺激。只有清楚地了解这些诱因，才能对各种状况进行妥善的处理。

张亮是一个中学生。他对父亲说："这段时间我一直不开心，心里非常烦躁。"

"什么事让你这么不高兴？说出来，或许我能帮助你。"父亲说。

"你知道，我非常喜欢打篮球，我也觉得我的篮球技术比别人好。所以我的理想是争取在打篮球上有所建树。可是，我又非常喜欢踢足球，唉……"张亮的脸上露出痛苦的神情。

"是的，你的篮球技术是老师和同学们所公认的，那是你自己刻苦锻炼的结果。说句实话，从身体条件上来说，相对于同龄孩子，你的个头比他们高，体魄也较他们强壮，在占尽身体条件优势的情况下，你还具备了敏锐的洞察力和较强的感召力。至于你说你的足球技术稍差，不是因为你练习不够刻苦，我认为是受身体条件的限制。而足球又是一项对身体素质要求极高的运动，因为你体形过大，负担重，速度慢，动作不够敏捷。你也知道，步伐不灵活是足球技巧的克星，跟你在一起踢球的同学都是一些精干的小个子，他们不但奔跑速度快，轻巧而灵活，而且盘带球轻松省力，当然就显得比你的技术过硬。"

听父亲分析得头头是道，张亮非常钦佩。但他还是拿不定主意，就问："我以后应该怎么办呢？"

"儿子，一个人在成长的过程中，看准一个目标为之努力和奋斗很重要，但人不可能十全十美，什么都行。虽然执着是一种难能可贵的品格，但是因发现自己的缺点而及时放弃也很难得。有所执着，也有所放弃，及时修正奋斗的方向，也不失为一种大智慧。"

每个人总是以他人为参照来认识自己，也就是说，人们总是根据他人对自己的评价来做自我评价。如果他人对自己做出较低的评价，特别是来自权威人士的评价，就会影响人们对自己的认识。就像故事中的张亮，他所崇拜的父亲的一席话让他醍醐灌顶，不再坚持己见，他的情绪也得以完全平复。

因此，我们要时刻留意他人对自己的评价。事实上，并不是所有人都会对我们做出较低的评价，赏识、了解和理解自己的人总是有的，关键是自己要用心捕捉，以保持自我情绪的积极性。

察觉、体会、观照内心的感受

我们的生活中有太多不确定的因素，你随时可能会被突如其来的变化扰乱心情。与其随波逐流，不如有意识地培养一些让你快乐的习惯，随时帮助自己调整心情。你会发现，你才是自己心情的主人——当你决定快乐时，不管发生什么事情，你都是可以快乐的。

快乐与否取决于一个人的主观意识和态度。有这样一句话：你要是心情愉快，健康就会常在；你要是心境开朗，眼前就会一片明亮；你要是经常知足，就会感到幸福；你要是不计较名利，就会感到一切如意。我们可以郁闷，也可以开心，只要我们乐意，就可以左右自己的心情。我们每个人都可能充分地享受生活，也可能根本无法懂得生活的乐趣。我们究竟是经常看到生活中光明的一面还是黑暗的一面，这在很大程度上取决于我们对生活的态度。

无论面对什么事情，如果想要获得快乐，我们就应该选择正面的态度，而不要采取反面的态度。换句话说，我们必须关切的是我们面对的问题，而不是忧虑。关切和忧虑之间的分别是什么呢？关切的意思就是要了解问题在哪里，然后镇定地采取各种步骤去加以解决，而忧虑却是发疯似的在小圈子里打转。

李芳是一家公司的统计员，她的工作简单而又乏味。最使她厌烦的是，每个月她都要花几天的时间，填写一份布满了统计数字的报表。怎么使这令人厌烦的工作变得有意思呢？她想了个办法。她数出自己每天上午所填的数量，尽量在下午去打破这个纪录；然后再数出这一天所填的总数，第二天再想办法打破前一天的纪录。结果，她很快就把让她感觉乏味的报表填完了。

她这样做，是为了得到上司的赞扬吗？不是。是为了加薪吗？不是。是为了晋升吗？也不是。她只是为了尽快把没有意思的工作以有意思的方式完成。这样她就省下了不少精力，休息时也就有了更多的快乐。

愉快的工作心情是极为难得的财富，其实在工作中，我们即便遇到不顺心的事情，只要我们保持一份好心情，“假装”自己很快乐，我们就会真的变得快乐起来。

具有乐观、豁达性格的人，无论在什么时候，都能感到光明、美丽和快乐的生活就在身边。对于这种人来说，根本就不存在什么令人伤心欲绝的痛苦，因为他们即便在灾难和痛苦之中也能找到心灵的慰藉，正如在最黑暗的天空中，心灵总能让他们或多或少地看见亮光一样。尽管看不到太阳，重重乌云布满了天空，但他们还是知道太阳仍在乌云之上，太阳的光线终究会照到大地上来。

我们追求快乐的阻碍，大部分是我们的思想，一些错误的观念成了我们获得快乐的桎梏。当我们觉得自己不配快乐时，我们很难去感受生命里那些美好的事物，那些带给我们快乐的事物。

如果你想让自己快乐，那么不管周围的环境如何改变，你都能让自己快乐地面对生活。也许你经常在乎别人的意见和看法，但是从现在开始，要让你内在的声音来引导自己。

情绪测试：评测你的情绪状态

以下是30道测试情绪状态的题目，可以帮你在一定程度上了解自己当下的状态，如有需要，请找专业人士进行咨询。每道题分别有A、B、C三个答案可供选择。选A得2分，选B得0分，选C得1分。请将你的得分统计一下，算出总分。

1. 看到自己最近一次拍摄的照片，你有何想法？

A. 觉得不称心　　B. 觉得很好　　C. 觉得可以

2. 你是否想到若干年后会发生一些使自己极为不安的事？

A. 经常想到　　B. 从来没有想过　　C. 偶尔想到过

3. 你是否被朋友、同事或同学起过绰号、挖苦过？

A. 这是常有的事　　B. 从来没有　　C. 偶尔有过

4. 你上床以后，是否经常再起来一次，看看门窗是否关好等？

A. 经常如此　　B. 从不如此　　C. 偶尔如此

5. 你对与你关系最密切的人是否满意？

A. 不满意　　B. 非常满意　　C. 基本满意

6. 半夜的时候，你是否经常觉得有什么值得害怕的事？

A. 经常如此　　B. 从来没有　　C. 极少有这种情况

7. 你是否经常因梦见什么可怕的事而惊醒？

A. 经常如此　　B. 没有　　C. 极少

8. 你是否有过多次做同一个梦的情况？

A. 有　　B. 没有　　C. 记不清

9. 有没有一种食物使你吃后呕吐？

A. 有 B. 没有 C. 记不清

10. 除了看见的世界，你心里有没有另外的世界？

A. 有 B. 没有 C. 记不清

11. 你心里是否经常觉得你不是现在的父母所生？

A. 经常 B. 没有 C. 偶尔有

12. 你是否觉得曾经有一个人爱你或尊重你？

A. 是 B. 否 C. 说不清

13. 你心里是否常常觉得你的家人对你不好，但是你又确信他们的确对你很好？

A. 是 B. 否 C. 偶尔是

14. 你是否觉得没有人十分了解你？

A. 是 B. 否 C. 说不清楚

15. 你在早晨起床时最常有的感觉是什么？

A. 忧郁 B. 快乐 C. 说不清楚

16. 每到秋天，你最常有的感觉是什么？

A. 秋雨霏霏，枯叶遍地

B. 秋高气爽，艳阳高照

C. 不清楚

17. 你在高处的时候，是否觉得站不稳？

A. 是 B. 否 C. 偶尔会这样

18. 你平时是否觉得自己很强健？

A. 否 B. 是 C. 不清楚

19. 你是否一进自己的房间就立刻把房门关上？

A. 是 B. 否 C. 不清楚

20. 你坐在小房间里把门关上后，是否觉得心里不安？

A. 是　　B. 否　　C. 偶尔是

21. 当一件事需要你做决定时，你是否觉得很难？

A. 是　　B. 否　　C. 偶尔是

22. 你是否常常用抛硬币、翻纸牌、抽签之类的游戏来测吉凶？

A. 是　　B. 否　　C. 偶尔

23. 你是否常常因为碰到东西而跌倒？

A. 是　　B. 否　　C. 偶尔

24. 你是否需要一个多小时才能入睡，或者醒得比你希望的时间早一个小时？

A. 经常这样　　B. 从不这样　　C. 偶尔这样

25. 你是否曾看到、听到或感觉到别人觉察不到的东西？

A. 经常这样　　B. 从不这样　　C. 偶尔这样

26. 你是否觉得自己有超乎常人的能力？

A. 是　　B. 否　　C. 不清楚

27. 你是否曾经觉得有人跟着你走而心里不安？

A. 是　　B. 否　　C. 不清楚

28. 你是否觉得有人在注意你的言行？

A. 是　　B. 否　　C. 不清楚

29. 当你一个人走夜路时，是否觉得前面暗藏着危险？

A. 是　　B. 否　　C. 偶尔

30. 你对别人自杀有什么想法？

A. 可以理解　　B. 不可思议　　C. 不清楚

【自评结果分析】

得分越少，说明你的情绪状态越佳，反之越差。

0~20 分，说明你的情绪稳定、自信心强，具有较强的美感、道德感和理智感。你有一定的社会活动能力，能理解周围人的心情，顾全大局。你是一个性情爽朗、受人欢迎的人。

21~40 分，说明你的情绪基本稳定，但往往较为深沉，对事情的考虑过于理性，有时不善于发挥自己的个性。你的自信心常常受到压抑，办事热情忽高忽低，易瞻前顾后、踌躇不前。

41~50 分，说明你的情绪极不稳定，似乎日常烦恼太多，常使你的心情处于紧张和矛盾之中。

51~60 分，这是一个危险信号，你务必请心理医生做进一步的判断。

情绪自评：对负面情绪做出评估

下面是从五个方面列举的 18 种负面情绪信号，每道题的答案分为“没有”“几乎没有”“有时”“经常”“总是”五个等级，分别给予 0 分、1 分、2 分、3 分、4 分。本测试只是帮助你进一步了解自己的状态，如有需要，请找专业人士进行咨询。

一、活动方面

1. 完全失去对社交活动的爱好和兴趣，觉得它似乎太耗精力。

A. 没有　B. 几乎没有　C. 有时　D. 经常　E. 总是

2. 对空闲时间自己该做什么完全没有计划。

A. 没有　B. 几乎没有　C. 有时　D. 经常　E. 总是

3. 经常做一些难以完成的事情。

A. 没有　B. 几乎没有　C. 有时　D. 经常　E. 总是

4. 因为要做的事情太多，感到不知所措和失控。

A. 没有　B. 几乎没有　C. 有时　D. 经常　E. 总是

二、感觉方面

1. 感觉一天当中很少有自己的时间。

A. 没有　B. 几乎没有　C. 有时　D. 经常　E. 总是

2. 感到不被家人赏识。

A. 没有　B. 几乎没有　C. 有时　D. 经常　E. 总是

3. 经常有一种莫名其妙的不满和气愤。

A. 没有　B. 几乎没有　C. 有时　D. 经常　E. 总是

4. 经常寻求别人的恭维和夸奖。

A. 没有　B. 几乎没有　C. 有时　D. 经常　E. 总是

三、胃口方面

1. 紧张或焦虑使自己茶饭不思。

A. 没有　B. 几乎没有　C. 有时　D. 经常　E. 总是

2. 靠吸烟或喝咖啡来缓解焦虑。

A. 没有　B. 几乎没有　C. 有时　D. 经常　E. 总是

3. 用巧克力和糖类来应付焦虑。

A. 没有　B. 几乎没有　C. 有时　D. 经常　E. 总是

4. 有恶心、腹痛或腹泻的症状。

A. 没有　B. 几乎没有　C. 有时　D. 经常　E. 总是

四、睡眠方面

1. 经常失眠，或者虽然睡了整整一夜，但是仍然感觉没有休息好。

A. 没有　B. 几乎没有　C. 有时　D. 经常　E. 总是

2. 在晚上不想睡觉的时候睡着了。

A. 没有　B. 几乎没有　C. 有时　D. 经常　E. 总是

3. 需要长时间的午睡。

A. 没有　B. 几乎没有　C. 有时　D. 经常　E. 总是

五、观念方面

1. 失去了幽默感。

A. 没有　B. 几乎没有　C. 有时　D. 经常　E. 总是

2. 对未来很悲观。

A. 没有　B. 几乎没有　C. 有时　D. 经常　E. 总是

3. 觉得自己麻木或无动于衷。

A. 没有　B. 几乎没有　C. 有时　D. 经常　E. 总是

【自评结果分析】

如果你的得分在 0 ~ 18 分，表明你存在很少的负面情绪；19 ~ 36 分，说明你有轻微的负面情绪；37 ~ 54 分，表示你的负面情绪属于中等级别，应该设法放松；55 ~ 72 分，表示你处于高级别的负面情绪中，必须对生活加以调整。

CHAPTER 04

第四章

调节认知，逐步摆脱情绪化思维

审视思维模式，为情绪状态纠偏

生活中，焦虑和惊恐等坏情绪随处可见，每个人都不可避免地被坏情绪“跟踪”，一味地逃避只能让坏情绪越发肆无忌惮，面对、正视、跨越它们，才是最明智的处理方法。

每个人都有不顺心的时候，都会经历伤痛与挫折，这也是人生中必不可少的一环。不要跟情绪斗，也不要试图逃避它。如果我们拥有了控制自我情绪的能力，就会发现自己正在经历的不良感受并不会如同先前认为的那样强烈。

有一个脾气很坏的小男孩，有一天，他的父亲给了他一袋钉子，并告诉他：“如果之后再发脾气，就将一颗钉子钉在篱笆上。”

第一天，小男孩在篱笆上钉了很多钉子。之后的每一天，他钉钉子的数量逐渐减少。小男孩发现，学会控制自己的脾气比钉钉子要更轻松。

慢慢地，小男孩学会了控制自己的脾气，不再胡乱发脾气。这时他的父亲告诉他：“每次当你遇到一件事情能控制自己脾气的时候，就去拔掉一颗钉子。”

当所有钉子都被拔出来后，父亲对他说：“我的孩子，你做得很好，但是你看看现在围篱上的那些洞，它们永远无法恢复到以往的模样。你生气时说的那些话语就如同这些钉子一样，会给别人带来无法愈合的伤痕，不管你说了多少对不起，那个伤口依旧存在。”

海伦·奥德斯基在《思维变现》中写道：“情绪很擅长通过思维游戏来欺骗我们，比如最坏预期、灾难化、贴标签、自怜、‘我不配’、‘我讨人嫌’、过度思考、沉浸过去、逃避现实、担忧未来等。但只要改变思维习惯，就能与情绪和解，进而实现认知升级与成长。”

真正清醒的人，不会被思维构造的幻象蒙蔽双眼，也不会被思维谬误绊住自己的脚步。一个懂得选择并管理情绪的人，必定是具备各种合理观念的人，他们成熟、善良，坚韧而向上。为了拥有正向思维，我们应当铲除自己心里的错误观念，及时整理情绪，这样才能避免走上弯路。客观地、透明地、正确地认识自己是至关重要的，下面几点建议有助于你发现并正确认识自己。

1. 孤独地面对自己。

我们总是陷入无尽无穷的日常事务和人际关系中不能自拔，这使得我们根本无暇去了解自己内心的需要，不知道这一切到底是不是我们内心的真实状态。在纷繁复杂的社会运转中，我们没有时间给自己内心的真我一个表现的机会。那么，我们不妨给自己放个假，在没有上司、没有工作、没有应酬的情况下，看看自己的状态。

2. 试着改变某些习惯。

每个人都有很多不好的习惯，这些习惯说不定正是掩藏你真实个性的罪魁祸首。比如，你可能经常待在家里看电视以打发业余时间，你可能习惯于用打麻将的方法排遣孤独，你可能在忧闷之时习惯把自己关在家里，等等，这些习惯并不是最佳选择。你可以试着打破这些习惯，发展更多的爱好，以挖掘自己的个性。如果你减少看电视的时间，改成看书，也许你会发现你并不需要激情刺激，而是更喜欢冷静的思维。如果你把打麻将换成散步，也许你会发现追求闲适宁静正是你的真实个性。冲破习惯的牢笼，你会发现另有一个“我”存在于自己的心中。

3. 不过分压抑自己。

人生不如意事十有八九，每个人都有很多不如意的地方。在不如意的时候，不过分压抑自己，有助于发现自己的个性。比如，我们有可能在愤怒至极的时候，一改平日温顺的性格，与人大吵一架，并因此对自己的行为极为满意。那么，你会发现温顺并不是你真实的个性，其实你具有极为强烈的抗争能力，斗争精神，并相当有魄力。如果你时时保持这种状态，你将一改温顺的个性而成为一个强干、有魄力的人，在这种状态下，你也许会更愉快和坦然。

灾难化思维模式：消极情绪不断放大

灾难化思维模式是一种常见的认知扭曲，它是认知行为疗法的始祖、美国心理学家阿尔伯特·埃利斯创造的术语，指的是过分夸大事件的消极后果，对未来持有非常消极的预期，并会把微小的失败、挫折看成一场灾难。

带有这种思维模式的人常常会用“万一……怎么办”的句式思考问题。比如：“万一我在考试中发挥失常，怎么办？”“万一他不喜欢我，怎么办？”“万一客户拒绝我，怎么办？”

在灾难化思维模式的影响下，这类人会把注意力放在“失败了怎么办”，而不是“如何成功”上，这会不断放大他们的消极情绪，让他们变得越来越紧张，越来越焦躁，越来越恐惧，而这将直接影响他们的行为和心理，严重时他们甚至无法正常工作、学习和生活。

17 岁的高二学生小汤常常会被脑海中出现的负面思维所困扰，他不知道为什么总会把各种各样的事情想象得非常糟糕。

在完成作业的时候，他对自己的笔迹很不满意，觉得这样的作业交上去一定会遭到老师的批评，所以他总是反复涂改，可越改心情就越烦躁，有时甚至会将作业本一把撕破。

在班里和同学发生矛盾后，小汤也会自动往不好的方向想，总觉得同学会一直记恨他、为难他，而这更是让他陷入持续的焦虑和恐惧之中，难以得到解脱。

最近，小汤的家里进行了一次小型装修，他又开始担心装修污染会对自己和家人的健康造成不良影响。尽管他的父母反复给他讲道理，不时地开解、安慰他，可他还是会情不自禁地想到最糟糕的结果，并为此惶惶不安，导致学习效率日益低下，成绩不断下滑……

显然，让小汤陷入消极情绪的最大原因就是灾难化思维。他习惯于将事情的后果灾难化，甚至对将来不可能发生的事情也要做最坏的打算。而这种灾难化思维已经引发了严重的情绪问题，让他感到十分痛苦。

想要改变消极的情绪状态，应当扭转自己的灾难化思维模式，而这可以通过以下三个步骤来实现。

1. 监控并识别灾难化思维。

像小汤这样的人必须学会观察自己的思维，一旦认知出现非理性和局限性的问题，就要提醒自己停止这样的思维活动。

比如，一位员工被上司指出了工作中出现的错误，他没有接受上司的建设性建议，而是认定自己一定会丢掉饭碗，甚至开始在脑海中构想自己失业后穷困潦倒、债台高筑的糟糕后果，这就是典型的灾难化思维。

此时员工要做的是立刻叫停扭曲的认知，否则很容易引发负面情绪，让自己感觉不知所措，最终将事情引向糟糕的方向。

2. 自我质询，找出不合理的信条。

在叫停灾难化思维后，我们可以对自己提出一系列问题，再逐一进行解答。比如，我为什么会这样想？这样想为什么会让我感到恐惧、焦虑、烦躁？之前我遇到过这样的情况吗？我是怎么解决的？

在自我质询的过程中，我们可以逐渐挖掘出脑海中那些不合理的信条，并发现自己在认知方面存在的问题。

3. 用积极的想法取代扭曲的观点。

在自我质询之后，我们可以从实际出发，客观地评估现实情况，然后试着用一些积极的想法来解释自己正在担忧的问题。

比如，上文中情绪沮丧的员工可以这样对自己说："上司指出了我的错误，是因为对我有更高的期望，希望我能够做得更好……"经过这样的自我认知调节，恐慌、焦虑的情绪便能够得到一定的缓解。

在进行思维扭转的同时，我们还可以尝试用三分法减弱或消除灾难化思维。所谓三分法，就是对同一个问题分别设想三种截然不同的结果，其中包括最坏的结果（最坏点）、最好的结果（最好点）和中间结果（中间点）。

我们可以将自己设想的结果写在一张纸上，再进行分析，此时就会发现，即使是最坏的结果，也并不是那么难以接受。而且我们完全可以通过自己的努力改变糟糕的现状，使结果向中间点或最好点不断靠拢。

像这样经常用三分法去思考那些让自己担忧的事情，灾难化思维出现的频率会逐渐减少，压抑感会大为减轻，取而代之的是如释重负的轻松感，而这对于改善情绪来说无疑会产生很多积极的作用。

改变思考方向，化悲观为乐观

我们知道当人们的想法不同时，他们的感觉和行动也会不同。这主要在于人能不能控制思想，进而控制自己的情绪。正如诗人弥尔顿在《失乐园》中所写的："思想……能令天堂变地狱，地狱变天堂。"

改变思考方向，你便能学会从不同的角度来看待自己和周围的事物；要是有一件事你认为是可做的，改变思考方向可增加你成功的机会。处世乐观推动你向前，而忧虑则会使你陷入困境。

其实每一个问题之中都藏着解决的方法，只要真正拿出行动，用积极的心态去面对，事情就终有解决的时候。不管情绪有多痛苦，只要按照下述五个步骤去做，你就可以很快地打破消极的念头，进而找出脱困的方法。

1. 确认你真正的感受。

有的人并不总能确切地知道自己真正的感受，只顾一头栽进那些负面情绪里，承受痛苦的折磨。其实你并不需要这么苦待自己，只要稍微往后退一步，问问自己："此刻的我是什么样的感受？"如果你直觉地认为是愤怒，那么再问问自己："我真的觉得是愤怒吗？也许我真正的感受只是觉得自尊心受了伤害，或者觉得自己损失了些什么。"当你明白了真正的感受只是受伤或者受了损失，那么它对你的影响就不如愤怒来得大。只要你肯花点时间去确认真正的感受，随之针对情绪提出一些问题，那么就能降低自己所感受的情绪强度，以较客观且理性的态度处理问题，自然就能更快更顺手了。

2. 肯定情绪的功效，认清它所能给你的帮助。

绝对不可"扭曲"情绪的积极功能，任何事物若是被我们"预设了立场"，我们就无法看出它的真貌，而别人善意的建议也就无从接受。如果我们依赖情绪，就算是对它并不完全了解，也应该明白它具有帮助我们的功能，从而走出内心的煎熬，找到问题的解决之道。一味地压抑情绪，企图减轻它对我们的影响不但没用，反而会让它更缠着我们。因此，对于一切你所认为的“负面情绪”都该重新检讨，对它们重新定位，日后当你再遇到相同的情况时，那些情绪不但不会再困扰你，反倒能带你走进另一片天地。

3. 好好注意情绪所带来的信息。

还记得改变情绪所能产生的力量吗？当你为某种情绪所困时，把它摆脱掉的最有效的办法，就是重新认识情绪的真义，以积极的态度去解决问题。

日后当你有某种情绪的反应时，要带着探究的心理，去看看那种情绪真正带给你的是什么。此刻你到底要怎么做才能使情绪好转？如果你觉得孤单，不妨问问自己：“我是不是真的孤单呢？抑或自己曲解了当下的状况，事实上我周围有不少朋友？如果我能让他们知道我要去看他们，他们是否也会很乐意来看我呢？这种孤单的感觉是否提醒我该拿出行动，多跟朋友联系呢？”

只要你对情绪有真正的认识，那么就能从中学到很多重要的东西，不仅在今天能帮助你，在未来也是如此。

4. 要有自信。

你要对自己有信心，确信情绪是能够随时掌控的。掌控情绪最迅速、最简单且最有效的方法，就是吸取过去的经验，然后针对目前的状况，拟出可以让你成功掌控情绪的策略。由于过去你面对并处理过这种情绪，而现在你对情绪又有了新的认识，相信这可以帮助你拟定策略。

5. 要以振奋的心情拿出行动。

之所以振奋，是因为知道自己可以很容易地掌控情绪；而拿出行动，是为了证明自己确有能力掌控，可千万别让自己陷于使不出力的情绪状态中。别忘了，处理情绪问题最好的时机永远是它刚出现时，当它已经发展到让你受不了时，要想一下子解决就得费很大的劲。

合理化思维模式：自欺欺人并不是情绪解药

我们都知道，当洪水来临时，进行合理的疏导比一味地堵塞更有作用，我们在面对不良情绪时也应该如此。心理学家告诉我们，人所能承受的心理压力总有一定的限度，超出极限心理发展就会受到困扰，身体健康也会受到危害。当你感觉悲哀、烦闷、沮丧的时候，千万不能人前伪装，人后落泪，我们需要找到适合自己的宣泄方式，实时发泄出来，否则身心会遭受更大的伤害。

吴霞的丈夫陆平是一家国字头杂志社的发行主任，由于平时工作压力大，生活节奏紧张，他经常会把自己的不愉快带到家里去，在妻子面前根本提不起精神。老话讲，和谐的生活就是男人减压的良药，陆平却未能很好地利用，惹得吴霞抱怨连连，脾气也比以往变得暴躁很多。粗心大意的陆平丝毫没有觉察到妻子情绪上的变化，依然如故。

这天晚饭后，吴霞要求陆平坐下来好好谈谈。

吴霞说："你只知道整天忙于应酬，也不陪我一起吃晚饭，我有多寂寞啊。"

陆平没好气地说："你根本不晓得我上班有多辛苦，压力有多大。一个晚饭，自己吃怎么了，难道你还是孩子，要我喂你不成？"

吴霞抱怨说："你总是喝得烂醉而归，好久都没有主动帮我做家务了。"

陆平也不甘示弱，大发脾气："你花钱像流水，有多长时间没有去看过我的父母了，你晓得吗？"

就这样，夫妻二人你一言我一语地互不相让，最后竟翻出结婚证要去离婚。然而，当他们看到包裹证书的誓言：执子之手，与子携老。患难与共，荣辱共裹……二人各退一步，开始互相检讨。

陆平说："亲爱的，我真的很想回家陪你吃饭，可是我实在是工作太忙，常常应酬，并不是忽略你啊。"

吴霞红了脸回应说："老公，我也不对，不应该那么小气，再说，你在外工作挣钱养家糊口也不容易。"

陆平不好意思地说："刚才我不应该那么凶你，我知道自己身上有很多毛病……"

就这样，这场家庭争吵平息了。从此以后，夫妻俩变得互敬互爱，吴霞的情绪也逐渐归于平静。

现实生活中类似陆平这样的人不在少数，在他们眼中，除了工作便是应酬。其实，生活非常简单，没有必要把问题复杂化。很多时候，不是快乐离他们太远，而是他们想得太多，也不是快乐太难，而是他们有太多的欲望和希冀。

和谐的人际关系是拥有好心情的一个重要助力，只要你意识到这一点并愿意为此付出努力，掌握以下技巧，相信你完全可以成为一个让人喜爱、受人尊敬的人。

1. 善解人意，体贴别人。

一个体贴别人的人，总是设身处地为别人着想，不让别人紧张、拘束，更不会让别人尴尬难堪。

2. 待人接物落落大方、不卑不亢。

一般来说，具备这种素质的人必须具备宽阔的胸襟。因为那些特别注重别人对自己的态度的人，那些害怕别人嫉妒自己的地位和职务的人，那些在生活中处于优势地位的人，是很少对别人态度冷淡的，而且一般也不轻易对别人生气。

3. 要忠诚、正直和具有爱心。

一个人要想赢得别人的喜爱就必须具备引起人们好感的个性特征。要想让别人喜欢你，你必须具备一些基本的品格，就是要忠诚、正直和具有爱心。

4. 不断克服自身的弱点。

那些你性格方面的所谓“不利因素”或者说“弱点”，可能是你多年的生活习惯养成的，也可能是由你年轻时的生活态度发展而来的。或许你还一直把它们作为“自卫”的武器来使用，殊不知，它们却在无意之中伤害了别人。不管这些性格的“弱点”是如何产生的，只要你对它们进行科学的分析，意识到进行性格优化的重要性，通过一套对性格进行转变的训练，是完全可以克服这些弱点的。

5. 尊重别人，自我克制。

你尊重别人，别人也会尊重你。不要降低别人的人格，不要伤害别人的自尊心。你满足了别人的精神需求，别人才会满足你的精神需求。

一个人必须有自我克制的能力，对和自己打交道的人千万不要表示出不耐烦。对某些人，你可能会不喜欢，甚至是讨厌。但是不要感情用事，只要你冷静一点，尽可能地把他们的优点、过人之处列举出来，你就能在一定程度上克制自己的消极情绪。

调整心态，做生活中的强者

在我们的生活中，充满了矛盾纠纷，不可能事事都一帆风顺，不可能让每个人都笑脸相迎。因此，把什么都“看开了”是最好的自我情绪调节法。

有时候，我们会受到他人的误解，甚至嘲笑或轻蔑。这时，如果我们不能控制自己的情绪，就会造成人际关系的不和谐，给自己的生活和工作带来很大的负面影响。所以当我们遇到意外的状况时，要学会控制自己的情绪，轻易发怒只会造成反效果。

这种看得开的心理倾向，有时也被用来处理自己无法满足的欲望。比如，某人在公司里工作干得不理想，认为自己不受领导的赏识和重用，在他无法出人头地的时候，就会这样劝慰自己：这又有什么呢？到公司上班只不过是为了生计而已，至于自己的前程，一定会比目前的情况好得多。

也就是说，在现实生活中，当人的欲望无法得到满足时，就把现实当作“假想的现象”或“非现实世界”。同时，这样告诫自己：未来的世界绝不会止步于现在，不如意的现实只是暂时的，并非永久的。这样就会使情绪变得好起来。

一般而言，使用这种方法排解不满情绪的人，只要一离开所处之地，心情就会平静，不会因不满意而说出不好听的牢骚话。如此看来，一离开公司就不谈公事的人，以及不在家里抱怨工作辛苦的人，可以说他们都能想得开、看得开。这种类型的人能将现实的不满从自己的意识中完全排除掉。

凡是允许情绪控制行动的人都是弱者，真正的强者会迫使他的行动控制情绪。一个人受到别人的嘲笑，不应该窘态毕露，无地自容。如果对方嘲笑的事属实，就应该勇敢承认，这样对你不但没有损害，反而大有裨益；如果对方只是横加侮辱、盛气凌人且毫无事实根据，那么对你也是毫无损失的，你大可置之不理，这样会更加显现出你的魅力。

威拉德·斯高特在一家颇有名气的广播公司做播音工作。年底公司决策层更换了主管播音的领导。由于某种原因，这位新上司好像不大愿意接受他，对斯高特主播的节目时间做出调整，安排在午夜播出。

斯高特怒火中烧，准备和上司理论一番，尽管这样可能会使他被解雇。然而，在他准备大动干戈之前，他想起了《塔木德》中的一句话："即使一个非常宽容的人，也往往很难容忍别人对自己的恶意诽谤和致命的伤害。但唯有以德报怨，忍耐坚持下去，才能赢得一个充满温馨的世界。"

经过思考，斯高特躁动的情绪逐渐平静下来。最终，他接受了安排。但他并没有从此沉沦下去，而是把这次事件看作人生中的一剂强心针。面对上司不公平的对待，斯高特不但没有表露出自己的不满情绪，反而采取虚心、进取的态度。

为了让节目继续保持一个较高的人气，斯高特意识到，唯有更上一层楼，使节目的内容更加精彩，才有可能在午夜时分吸引观众的眼球。为此，他抛弃了原先的思路，大刀阔斧，从形式到内容进行了精心的包装，更加兢兢业业地工作。在此过程中，隐藏在他身上的艺术天赋得以迅速挖掘，功夫不负有心人，半年后，他的节目成为华盛顿首屈一指的高人气节目，使得新上司对他刮目相看。

有的人在工作中听不得半点"逆耳之言"，只要别人的言辞稍有不恭，不是大发雷霆就是极力辩解，其实这样做是不明智的。假如我们能刻意地表现某种情绪或某种行为，那么你就能利用这种感情使自己产生变化。正如故事中的斯高特做的那样，让态度变得积极，再配合有力的行动，情绪就会变得高涨，心情也会跟着开朗起来。

诚然，能否很好地控制自己的不满情绪，取决于一个人的气度、涵养、胸怀、毅力。历史上和现实中气度恢宏、心胸博大的人都能做到有事断然、无事超然、得意淡然、失意泰然。正如一位诗人所说："忧伤来了又去了，唯我内心的平静常在。"

停止情绪化推理，情绪并不是判断的依据

一个人处在情绪中，头脑容易发热，很难清晰、理性地思考问题。只要自己感觉像真的，就相信它是真的。感情就像笼罩在人周边的一团云雾，不懂得保护自己的感情，不珍惜它，遇事全凭冲动，那么你会逐渐变得丑陋、干枯、缺乏光彩。

每个人都有七情六欲，感情既浅薄又深厚，既纯真又令人费解。它像一只无形的手，不时地左右你对各种事情的处理。但是真正有理智的人是不会轻易地让感情控制住自己的，他们在处理事情的时候基本上不会感情用事。

在一个炎热的中午，有两个人艰难地走在沙漠中，他们已经两天两夜没有吃到一粒米，喝到一滴水了，可他们还是坚强地相互鼓励、搀扶着向前走。就这样，他们坚持到黄昏，躺了下来，想在滚烫的沙子上休息一会儿再走。这时，似乎从遥远的天际传来一个声音："前面不远处，有一棵果树，上面结有一大一小两个果子。如果谁能摘到那个大的果子，谁就能活着走出沙漠。"他们高兴起来，坚持让对方摘大的果子，他们争论了很久，可谁也未能把对方说服。最后，因为太累，他们竟然迷迷糊糊地睡着了。

第二天早晨，其中一个人醒来时，惊讶地发现朋友已不辞而别。他赶忙奔到那棵果树下，发现树上只有一个又青又小的果子。顿时，一种被欺骗、愚弄的感觉涌上心头，他开始怀疑朋友的诚实，痛恨朋友的背叛。可他还是摘下了那个小果子，怀着沉痛的心情继续一步步地向前走。

没有走出多远，他远远地看见朋友蜷缩在地上，一动不动。他赶忙奔过去，

发现朋友已昏迷多时。他非常恨朋友，可还是抱起了朋友，就在这时，他发现朋友手中的果子比他的小很多。

人生中有许多阻碍我们前进的事物，如果我们的感情还很幼稚，那么事业就很难获得成功。当然，感情的成熟需要一个过程，它是人的感情经历、生活经验、人生观、价值观、幸福观的具体体现。同时它又与个人气质、心理、修养有关。因此，从现实的角度讲，不管是年轻人还是老年人，不管是从事什么样职业的人，都应该努力培养自己的感情，因为那样会使你的家庭更幸福，事业更辉煌。

人的感情是很复杂的，而且并非很容易就能掌握，这就更需要我们用理智来控制感情，把握感情的流向。感情是流动的，但有时候让它安静一会儿也是很有必要的。让感情平静下来，在宁静中回味一下，思索一下，只有这样你才不至于在人生的路上枉自宣泄。

认知重构：向扭曲的思维模式发起挑战

心理学家说，掌握情绪的能力高低直接关系到人生的成败，而思维模式决定着情绪好坏。也就是说，我们的情绪是积极还是消极，并不取决于生活中发生的事情性质如何，而是取决于我们的思维如何处理和解读这些事情。一个人的思维模式如果是扭曲的，那么如生气、愤怒、苦闷、抑郁等不良情绪就会不请自来。其实，我们并不是被不乐见的事情搞得心烦意乱，而是被我们对这些事件的消极看法搞得痛苦抑郁。

希尔因为误会，和办公大楼的管理员互相憎恨，甚至演变为激烈的敌对状态。

一天晚上，希尔在修改演讲稿，电灯突然熄灭了。他觉得是管理员在故意找碴儿，内心的怒火瞬间被点燃。他马上跳起来，奔向锅炉房。

管理员看都没看希尔一眼，仍然把煤炭一铲一铲地送进锅炉内，同时还悠然自得地吹着口哨，仿佛什么事情也没有发生。希尔终于忍无可忍，破口大骂。在此后长达5分钟的时间里，他以常人难以忍受的词句侮辱漫骂管理员，直到骂累了才停下来。此时，管理员竟然用一种平静的语调对他说："你骂够了吗？如果骂够了，就请你出去，我还要干活。"

这句话如同一把锐利的短剑，一下子刺进希尔的身体。他突然意识到他被目不识丁的管理员完完全全打败了，更可怕的是，他还是主动挑起事端的一方。

希尔神情沮丧地返回办公室，心里乱糟糟的，什么事情也干不下去。他把整个过程仔细反省了一遍，很快就意识到是自己的情绪出了问题。他知道想要使内心彻底平静下来，办法只有一个，那就是主动承认自己的错误，向管理员道歉。后来，管理员接受了道歉，并向他郑重承诺，不会把这一切告诉任何人。希尔心情释然，使劲地握着管理员伸出来的手。

显然，让希尔情绪平复，由坏转好的最大原因就是重构认知。他在醒悟之前，习惯性地认为熄灯是管理员对他的报复（消极思维），这种扭曲的认知带来的消极行为（对管理员侮辱漫骂）所引发的情绪问题非常严重（什么事情也干不下去），这让他感到十分痛苦。

当然，认知重构是非常难的，需要强大的同理心。试想，当熄灯事件发生时，希尔如果站在管理员的角度，冷静地思考整个事件，他的不良情绪也就不会表现得那么强烈了。幸好后来他意识到不良情绪的症结所在，重新审视管理员的熄灯行为，进而改变了对整个事件的认知，有效调节了自己的情绪化状态。

任何问题都有解决的方法，对于因认知扭曲带来的不良情绪，我们都该重新检讨，时刻提醒自己规避以下这些习惯性的消极思维模式。

1. 非此即彼的思维模式。

非此即彼的思维模式害人匪浅，这种思维模式让你以为只要你的表现有一点点不完美，就是彻底失败。

2. 以偏概全的思维模式。

这种思维模式让你以为只要发生一个负面事件，就表示失败会接踵而至，无休无止。

3. 心理过滤的思维模式。

心理过滤的思维模式就好像是让你戴上了一副有色眼镜，从任意一个情境中单单挑出一个负面细节反复回味，只允许负面的内容进入脑海，最后你眼中的整个现实世界都会变得黯淡无光。

4. 否定正面思考的思维模式。

否定正面思考的思维模式最具破坏性，“我最没用”是它最常见的版本。这种思维习惯会让你无法欣赏美好的事物。

5. 妄下结论的思维模式。

妄下结论的思维模式会使得你喜欢用消极的理解方式下结论，即使没有确切有力的证明。具体表现有两种：一是如果你发现他人的行为不尽如人意，你就认为是在针对你，对此你也懒得去查证。二是你觉得事情只会越来越糟，并对这一预言深信不疑。

6. 放大或缩小的思维模式。

放大或缩小的思维模式往往既会让你夸大你的错误或他人的成就，又会让你不理智地缩小你的优点或他人的缺点。

7. 情绪化推理的思维模式。

这种思维模式通常会让你把情绪当成判断的依据。具体表现是你认为只要有负面情绪，就足以证明事实确实非常糟糕，因为你会这样想：我感觉得出来，所以肯定就是真的。

8. “应该”的思维模式。

这种思维模式会让你习惯于用“我应该做这个”和“我不应该做那个”来鞭策自己。当你把“应该”句式强加给自己时，你的内心会产生内疚的情绪。当你把这个句式强加给他人时，你会产生愤怒、沮丧甚至仇恨的情绪。

9. 乱贴标签的思维模式。

乱贴标签指的是用高度情绪化、充满感情色彩的语言来描述事物。这种思维模式通常会让你给自己贴上消极的标签。如果有人惹恼了你，你也会给他贴上消极的标签。

10. 罪责归己的思维模式。

罪责归己的思维模式会让你感到极端内疚，即使某些外界消极事件根本不需要你负责，你也认为自己是罪魁祸首。

独立思考，不被消极情绪牵着鼻子走

人之所以不同于动物，是因为人在生活中始终有着自己的情绪，而情绪又是受思想支配的。一个人有什么样的想法，就会有什么样的情绪。束缚我们的，从来都不是情绪，而是思考方式，是在焦虑、惊恐等负面情绪影响下的思考模式。

独立思考，积极行动，不被消极情绪牵着鼻子走，这是一种简单易行，效果很好的情绪调节方法。比如，当我们遇到无法避免的困难和痛苦时，长期沉浸在其中既于事无补，也会影响到自己生活的其他方面，影响到我们的身心健康，因此，尽快地转移自己的注意力，积极行动起来才是最好的选择。

启明只用了半年时间就发明了一款APP，并获得了一个科技成果奖项。许多公司找到启明，向他提议购买该技术，有的甚至出价达50万元。启明顶住了诱惑，一一回绝，决定还是自己留着，以这项技术为基础，寻求风险投资。

启明很快就找到了风险投资方。投资方议定出资30万元，启明以技术入股，占一半的股份。双方签约后，先将产品进行了完善，使它能够完全和市场接轨，再进一步规划。就这样，启明成了老板，开始了自己的创业生涯。

启明毕竟还是缺乏经验，就在他付出大量心血使公司走上正轨之际，投资方却以狡诈的手段控制了公司股份，而且在法律和经济程序上策划得天衣无缝。启明上诉无效，眼睁睁地看着自己的成果被人攫取，心血付诸东流。对方给他上了终生难忘的一课。

为此，他怒从心头起，准备同投资方大干一场，但他立刻冷静了下来。在哪儿跌倒就在哪儿爬起来，虽然损失不可挽回，但知识和经验是别人夺不走的。

在分析了自己的长处后，启明觉得自己还是比较适合做科研，因此决定了自己的发展方向。由于自己曾有过科研成果，短期内实现科技突破还是不成问题的。他租了一间房子，开始做研究，整整半年，他几乎足不出户，也断绝了和外界的联系。他要发明一种能击败所有专家的系统。

两年后，启明终于成功了。为了证明自己的能力，他又找到了当年欺骗过他的那个投资方，提出想重新与对方合作。投资方对自己当初的行为非常惭愧，同时认同了启明的新发明具有很高的市场价值。新的合作是愉快的，这次投资方把他当成了朋友，与他竭诚合作。

当我们的心情出现郁闷、悲观，或者遇到一些棘手问题百思不得其解时，首先要学会不去想。不去想不是让大脑停止工作，而是转换大脑中的思考模式，去想一些令人愉快的事情。

就像故事里的启明，为什么能够获得人生的成功呢？因为他没有被消极情绪拽入思维谬误之中。当初他年轻气盛，第一次创业失败后，焦虑和气愤使得他差点误入歧途。后来，经过独立思考，他并没有被消极情绪牵着鼻子走，而是慢慢地冷静下来，厘清头绪，最后找到了一条通往成功的正确途径。

一个人在面对学习、工作和生活时，总会因为遇到一些进展不顺利的事情而产生消极的情绪。此时，倘若无法及时调整自己，负面情绪就会严重影响个体的生活。对于时不时发作的负面情绪，我们除了要克制，还可以通过激励自己以及专注于既定目标，来消除心中的犹疑、困窘、焦躁或失望。

我们应该明白，人生到底是上升还是下降，完全取决于你的思维模式。倘若在遭受打击时，你能保持冷静，不被消极的情绪牵着鼻子走，细细品味失败的痛苦滋味，慢慢咀嚼失意的怅惘，你就永远不会忘记这种刻骨铭心的感受，从而努力奋斗以获得成功。

学会变通，做快乐的自己

在漫长的人生经历中，我们会面对许多困难，这是我们无法改变和逃避的，但至少我们要掌握自己的人生方向和处事的心情。常听人说，为人处世要学会变通。因为人的想法不同，所带来的情绪、行为的后果也完全不同。所以，我们要想活得潇洒些、快乐些，就必须学会变通，这不仅是做人的诀窍，更是让自己快乐的不二法宝。

比如，当我们失去某些珍贵的东西时，我们可以选择悲伤，也可以选择看开；当我们面对朋友的背叛时，我们可以选择恼怒，也可以选择原谅。除了这几个选项，我们也可以寻求其他的途径解决，这就是变通。

俗话说："变则通，通则久。"境由心造，物随心转。我们的痛苦，实际上不是来自外部环境，而是源于自己内心的执着。很多时候，只要我们学会变通，许多坏事就会变成好事，坏心情就会变成好心情。

小张因为疫情做生意失败，变得灰心丧气，整日将自己关在屋子里睡大觉，什么都不肯干。他的妻子为了激励他振作起来，建议他出去转转。

一日，小张心里非常痛苦，便听从妻子的建议，走出了家门。他漫无目的地开车往郊区走，等回过神来，发现自己已经来到了好友小李家，他便进去拜访。

小李是一个对人生看得很透的人，他告诉小张：世上一切牵绊，都是忧愁和烦恼。你越执着纠结，烦恼越多。人生是苦是乐，全掌握在你自己手里。假如你不给自己烦恼，别人就永远不能给你烦恼。

人生如同一场梦，不应该太执着，否则就会引发很多痛苦。小张的经历告诉我们，有时候在充满不确定的环境里，我们不能只按平时的习惯思维定好一个方向就盲目执着，而是要学会灵活地变换思考方式，去寻找新的突破口。

事实上，真正困扰我们的，并不是发生在我们身上的事，而是我们对这件事的看法。英国著名作家萧伯纳曾说："明智的人使自己适应世界，而不明智的人只会坚持要世界适应自己。"其实，我们心里非常清楚，世界不会为谁改变，世界只会以我们无法预知的情形变化万千，因此我们只能去改变自己以适应世界，同时也要不断调整自己的思考方式，去寻求多种方式来应对突发的事情。

遇事不钻牛角尖，学会随机应变，学会灵活变通，这是一种智慧，也是一门人生学问。现代人心浮气躁，自以为追求的一切就是快乐的源泉，其实，静下心来就会发现，我们现在所追求的东西，未必是内心真正想要的。不妨改变一下思考方式和心态，对人不苛刻，对事不苛求，在清醒和混沌之间不较真，糊涂一点，做快乐的自己。

打开心结，简单做人

著名作家冰心说过："如果你简单，那么这个世界也简单了。"的确如此，生活本来是简单的，是我们有时候把它想得太复杂了。生活中，很多人遇事只会把事情复杂化，从而让自己一开始就背负着心灵的负担，最终不仅不能很好地完成任务或解决问题，还会让自己的身心疲惫。

在我们周围常有这样的事发生，有的人一听到别人对他的批评和劝告就大发雷霆，他们不去虚心听取，反省其身，却反唇相讥："也不看看你是什么德行，就来教训我。"言外之意是对方也有缺点，没资格批评他。

我们需知"金无足赤，人无完人"，如果只允许没有过失的人批评自己，那么我们终生都无法听到别人对我们过失的批评意见。久而久之，陷入孤立无援的境地，最终损害了自己的事业。

陈先生曾在世界500强某著名化妆品公司担任总经理，他退休后回忆自己受批评的经历时这样说：我早年对别人的批评非常敏感，当时的我急于让公司的每个人都觉得我是十分完美的人。如果他们有一个人不这样认为的话，我就会感到忧虑，然后想办法去取悦这个人。可是我讨好这个人的结果，又会使另一个人生气。最后我发现，我越想去讨好别人，就越会使我的敌人增加。

自此，陈先生开始从积极的方面理解别人的批评，包括那些不公正的责骂。他经常把别人的批评，看作改进自己工作、完善个性、克制情绪、提高心理承受力以及激发斗志的机会。

生活中有简单的问题，也有复杂的问题。很多事情只要我们把它想得简单，它就简单，把它想得难，它就难。从陈先生的人生经历中，可以得到这样的启示：心有千千结，唯系一根简单的丝，只要想通了，理顺了，结就会解开。

所以，我们要把自己的思想建立在简单的基础上，然后延伸和深化。把复杂的问题简单化，其本身就是一种思维转化，一种创新，一种智慧。从科学的角度来讲，把问题简单化并不是用简单的头脑、幼稚的想法去解决问题，而是改变思考问题的方向，化繁为简，更智慧地解决问题。

生活中做个简单的人也挺好。不要总活在别人的眼睛里，人生是自己的，开心比什么都重要。我们可以选择复杂，也可以选择简单，可以选择不舍，也可以选择抛弃。红尘万千，不谈亏欠。不留恋过往，也不在意得失，做到不负遇见，不违本心就好。

做好情绪分离，将你的决定和情绪分开

生活中，我们经常会碰到很多令人不愉快的人或事，影响到我们的心情，让我们感到沮丧。当找不到情绪的出路时，我们就会抱怨生气，进而导致不良情绪肆意生长、蔓延，害人害己。

许多人在生活中遇见让自己不高兴的人或事时，往往因不懂得情绪管理而失

控，导致情绪激动甚至暴跳如雷。长期受负面情绪的困扰，会导致各类心理问题及身体疾病的产生，降低生活品质，影响幸福快乐。

一个人在情绪失控的时候，说出的话语或者采取的行动都会有意无意伤害其他人，即使你是无心的，你伤害别人的那道疤依旧存在。情绪失控毁掉的不仅是你，还有别人。

有一位住在纽约市名流聚集的中央公园南区的女士，几乎拥有人们能拥有的一切，除了一个健康的小孩。她5岁的女儿罹患了一种致命的疾病，而且没有人知道该怎么办，即使她不吝于花费重金来试着拯救女儿的生命，然而，连纽约最高明的医生都束手无策。就在所有希望似乎都落空时，这位女士从《纽约时报》的一篇报道中得知，有一位医术卓越的瑞士医生要到纽约来，并且会在纽约大学医学院发表演说。

这位女士本能地相信这位医生可以救她的女儿，因此她开始不停地追踪他，打电话、写信，恳求他的协助——但没有任何回应。然而，在一个下雨的午后，当她正沉湎于自己的负面情绪中，一个矮胖的、湿透了的留着胡子的男人敲响了她家的房门。

“你有什么事吗？”打开门后，她不高兴地问。

“对不起，”他说，“我好像迷路了，如果可以的话，我想借用你的电话打给我的司机，你介意吗？”

她用暴躁的声音回答道：“我很抱歉，我的小孩正在生病，我不希望她被打扰。”

然后，她猛地关上了门。隔天早上，她读到一篇文章，是有关那个她急着要找到的医生的，这一次文章附上了医生的照片。让人难以置信的是，她发现那位医生就是前一天被她拒之门外的男人。如果她那时能和善地回答并帮助他的话，事情会有多大的改变啊。

其实，世间万物有正有反，任何人的生活也都是两面的，问题在于我们自己怎样去审视生活。我们完全可以运用智慧做出正确的选择，我们要学会做生活的智者，知道该干什么和不该干什么，知道做什么事情应该认真。只有这样才不会给自己招来一些烦恼和痛苦，在拥有一个好心情的同时，腾出更多的时间和精力，全力以赴地去做该做的事。

回归理性：每一步都做出最好的抉择

现代信息社会，职场如战场，压力大，节奏快，加上不可避免的复杂的人际关系，人们很容易急躁。而情绪失控的主要表现则是关键时刻沉不住气。那些遇事动不动拍案而起，大发无名之火的人，是不会得到人们的尊重的。同事会对他敬而远之，老板则会认为他缺乏应变能力，关键时候会耽误大事，平时也有损公司的形象。所以，情绪化的员工常常得不到老板的好感。

因此，真正优秀的职场人士除了拥有娴熟的工作技能，还必须拥有成熟的心理素质，必须善于克制自己的怒火，给人的印象应该是温和平稳、张弛有度、不亢不卑、能屈能伸，这是应有的修养和表现。有时候，心理素质甚至比你的工作能力更能决定你的命运。职场不是舞台，不可能完全由着你的性子来。所以即使你对公司有怨气，也需要强行按捺住，收起你的脾气，拿出你的风度。

小李业务能力不错，但他有个牛脾气，常常得理不饶人，由于他深得老板赏识，大家只好对他忍气吞声。但万万想不到，他竟然在公司众多员工面前顶撞起老板来，犯了职场大忌。

事情是这样的：小李联系到一笔业务，但对方来电话时，他刚好在外地出差。

回来后，老板的秘书忘记告诉他这件事，直到他打电话过去才知道别人已经等他不及，另外找了供货方，还说早就让秘书转告他马上联系。由于公司业务人员的主要收入是销售提成，所以秘书的疏忽给他造成了很大的损失。

第二天，在公司例会上，小李将这个问题提出来，向秘书蓄意发难。但他的态度太差，秘书忍不住当着众员工的面和他争论起来。老板制止了好几次都没有用，小李火气越来越大，居然骂起人来了。最后，老板震怒了，当场要他另谋高就。

公司就像一条航行在惊涛骇浪的大海上的船，老板是船长，员工是船员。只有大家齐心协力，才能把船开好。在与风浪搏击的过程中，船长有时也许会做出错误的决定，使你得到不公平的待遇，但无论如何你都要控制好情绪，等气消了再讲理。

人的一生中，总会遇到许多人际关系和事业上的不如意，这些不如意需要以智慧和耐心去化解，而不能靠一时的喜恶和脾气。修炼好情绪，心理才健康，心理、身体都健康的人，才能塑造真正的完美。

CHAPTER 05 第五章

接纳情绪，与自己的情绪和平相处

拒绝自我压抑，承认消极情绪的存在

消极情绪的产生有很多方面的原因，比如家庭背景、生活阅历、社会经历中的消极面，都会使人们对自己的未来失去信心，感到命运蹉跎，前途渺茫。当消极情绪出现的时候，我们一定要及时制止，阻止它进一步发展、扩大、蔓延。

消极情绪虽然不一定总会造成负面结果，但如果一个人总是对自己要求过高，而对现实生活感到不满意，那么这个人一定过得不开心。想要对付消极情绪，不能靠自我压抑，而要用更加积极的方式去抵御。具体说来，我们抵御消极情绪应从两方面入手：一方面，找准自己的定位。冷静分析自己的特点，并发扬自己的长处。在职场中，让老板和同事了解自己的优点，一旦有合适的机会，他们肯定会给予你展现自己的机会。如果一味否定自己，短时间内老板会认为你很谦虚，并不会过分在意。但时间长了，消极情绪就会嚣张起来，限制你能力的发挥，老板就会真的以为你确实不行。另一方面，树立成功的信念。主动寻找机会，在机会面前要表现积极，努力进取，并以乐观向上的精神对待成败。如果你认为这很难，也可以先试着做一些简单的、容易成功的任务，从而增强自己的成就感，自信心也会有所上升，然后再请求更大的任务，能力要慢慢培养，切不可心急。如果你总是与一些比自己能力高很多的人比较，不仅不会激励自己，反而会增强自己的挫败感。还要记住，永远不要对自己失去信心，我们什么都可以没有，唯独不能没有自信。拥有自信，相信你一定会成功的。

乔恩教授站在演讲台上，他正准备进行一场精彩的演示。开场时很顺利，但是幻灯突然出了一点技术问题。他试图保持镇静，但明显有点沉不住气了。幻灯的技术问题解决后，他平复了一下心情，鼓励自己必须重整旗鼓，继续演示。他竭尽全力地重新吸引大家的注意力，却丧失了安全感。他的消极情绪开始上涨，他心想：是不是我的开场白太枯燥，以至于底下的人都不愿听下去了？最后，主持人意识到乔恩教授即将崩溃，便挺身收拾残局。不幸的是，主持人是这样说的："看来幻灯生我们的气了，也许我们该给它面子。"乔恩教授听后更加消极，至此他的信心荡然无存，之后的研究工作也中断了，从此一蹶不振。

看起来，乔恩教授其实非常重视这次演讲，但他可能压力过大，从而在演讲中出现了一个小小的失误。台底下的听众有些不耐烦，他也归因到自己身上。他的内心在极力挣扎和斗争，但是最终没有产生足够的力量，在主持人的一句话中全线崩溃了。

抵御消极情绪，全靠我们自己的努力。摆脱失败阴影，树立自信心，坚定成功的信念，把握住成功的机会，一定能够获得新生。缓解不良情绪的方法有以下几种。

1. 调节自己的呼吸。

当我们有不良情绪的时候，闭上双眼，再深吸一口气，然后缓缓呼出来，持续多次。

2. 学会倾诉。

当让我们不开心的事情发生时，不要自己一个人藏在心底，要学会与亲近的人倾诉。

3. 学会宣泄。

将不良情绪宣泄出去。注意宣泄要选择正确的方法，如大哭一场、高歌一曲、听听快乐的音乐、做一些自己感兴趣的事情等。

4. 转移注意力。

我们因为某件事情感到不高兴、愤怒的时候，不要一直想这件事情，可以将注意力转移，放在其他事情上面。

5. 自我调节。

任何因事情产生的情绪都是我们心里对事情的解读引发的。因此，在出现不良情绪的时候，我们可以想一想，为什么会生气，因为这件事情生气值不值得，有没有必要。

追求圆满心境，而非满足于积极感受

欲望是人类前进的巨大驱动力，人生巅峰的高度取决于你心中欲望的强度。一旦你在心中激起了永不满足的欲望，也就启动了大自然中一种强大的力量。欲望是心理的强大动力，它促使个体的意志和力量转化成行动。它是一切行动、情感的根源，也是想得到某种东西或实现某种梦想的要求，人的欲望越强烈，就越靠近梦想。

不同的欲望会导致不同的人生。许多人在做决定时都只考虑眼前，而不考虑未来，结果快乐没得到，却得到了痛苦。事实上，人世间一切有意义的事若想成功，就必须忍受有所失的痛苦。你必须熬过眼前的担心和诱惑，按照自己的价值观或标准把目光放在未来，只有这样才能成就自己的事业。

戴维·纳伊斯是一位心理学专家，他在叙述以往的工作经历时是这样说的：运动和数学一直是我很喜欢的两件事。从小到大，我一直是运动健将，不仅担任过体育队队长和篮球、乒乓球队队长，也是校田径队不可或缺的运动员。我曾经想过要如何把兴趣发展成职业，也不断问自己：这些真的是我自己想要的吗？我愿意把运动当成我一辈子的事业吗？后来我告诉自己：这并不是我真正喜欢的生活，即使我非常喜欢运动。

在高中和大学的时候，我的数学成绩一直名列前茅，我也曾经想过，要当一名数学教授。后来我发现，当一名数学教授并不能让我满足。于是，我又开始寻找可以当成我终生事业的工作。17 岁的时候，我接触了汽车销售业，因为我很喜欢车子，我想自己应该可以干得不错。真正进入这个行业之后，我发现这个行业有非常大的前景，但是我的个性似乎并不适合，于是我又转行了。

一个很偶然的机会，我参加了一个激发心灵潜力的课程，它给了我非常大的震撼。我发现自己上了那么多年的课，学习了那么多的知识，却没有任何一个课程比我的老师安东尼·罗宾在短短的八小时当中所分享给我的多。

我想，假如我以后也能做他所做的事情，把一些真正对人们有帮助的知识，不管通过何种渠道，书籍也好，录音带也好，录像带也好，都能够分享给想要获得这些知识的人，那该有多好。反复考虑之后，我知道这就是我毕生所寻找的方向。经过七八年的坚持，我终于在这个行业崭露头角，让很多人得到了非常具体的帮助。

选择对一个人来说非常重要，无论人们最终做出什么样的选择都必须慎之又慎。就像故事中的戴维·纳伊斯，毕生追求的是圆满心境，而非满足于积极感受。他在五年时间里竟然更换了十余份工作，不过他最终还是找到了自己最想要又最能发挥自己长处的工作，并获得了成功。

生活中，很多人没有取得大的成功，是因为他们满足于眼前的小利益，终日不知疲倦地为小利益奔忙，忽略了提升自己的本领。伟大的政治家、军事家拿破仑有句名言：不想当将军的士兵不是好士兵。其实这句话道出了这样一个道理：每个人活在这个世上，都应该给自己定位。定什么位，将决定自己一生成就的大小。志高千里的人不会自甘平庸。

给情绪一个出口，处理好情绪能量

如果把情绪的能量比作自来水，我们的念头便是那个水龙头。打开水龙头，情绪将流淌出来。因此，自我觉察的能力很重要，如果你产生了糟糕的念头，比如我处处不如人，这说明你的负面情绪已经蓄势待发，需要出口了！如何选择情绪出口决定了情绪能量如何转换，我们要做的是让情绪找到好的出口，释放能量，让情绪良性运转。

幽默感是一种帮助个人调整情绪非常有益的工具。当一个人遇到难以处理的事情时，他要能客观地了解自己所面临的事实，同时不让它使自己陷入激动的状态。在这里，最好的办法就是以幽默的态度去对待，用寓意深长的语言、表情或动作，用灵活的手法，机智、巧妙地表达自己的情绪。

幽默是智慧、爱心与灵感的结晶，是一个人良好素质和修养的表现。日本心理学家多湖辉把幽默称作“语言的酵母”。作为一种能反映情绪智力高低的因素，幽默具有四个方面的作用。

1. 幽默可促进身心健康。

蕴藏着人生哲理、妙趣横生的幽默可令人思想乐观、心情愉快、意志坚定、注意力集中，并能消除疲劳、培养高尚的情趣。

2. 幽默能带来友善的人际关系。

幽默能表达人与人之间的真诚、友爱，拉近人与人之间的距离，是和他人建立良好关系不可缺少的东西。尤其是当一个人要表达内心的不满时，若能使用幽默的语言，别人听起来也会顺耳一些。当一个人需要把别人的态度从否定变为肯定时，幽默具有很强的说服力。当一个人和他人关系紧张时，幽默可以使双方从容地摆脱窘境或消除矛盾。

一天，英国著名的文学家萧伯纳在街上行走时，被一个骑自行车的冒失鬼撞倒在地上，幸好没有受伤。骑车的人急忙扶起他，连连道歉，可是萧伯纳却惋惜地说："先生，你的运气真不好，要是把我撞死了，你就可以扬名四海啦！"

萧伯纳的这一句妙语，用自己的友爱和宽容，把他和肇事者从窘境中解放出来，使事故得到了妥善的处理。

3. 幽默具有自我激励的作用。

幽默可以帮助我们增强活力。从幽默中汲取力量，使我们可以应付任何困境，摆脱种种烦恼。关键时刻，幽默可以避免正面的冲突，使人以积极向上的态度、乐观的情绪、迂回的方式去面对困境。

爱迪生致力于发明白炽灯泡时，有一个缺乏想象力又毫无幽默感的人取笑他，说："先生，你已经失败了 1200 次了。"爱迪生回答说："我的成功之处就在于发现了 1200 种材料不适合做灯丝！"说完，他自己放声大笑起来。

爱迪生以笑容和幽默面对困难重重的科学发明事业，不断激励自己，既不为失败而忧心，也不为世人的讽刺、挖苦而感到焦虑、困惑，最终发挥出卓绝的创造力。

4. 幽默让人急中生智，化解困境。

幽默可以让人急中生智，化解困境，或者从危险的境地中脱身，创造性地、妥善地解决问题。

有一天，德国诗人在公园里散步。在一条只能单人通过的小道上，他迎面遇到了一个曾经对他的作品提出过尖锐批评的评论家。这位评论家高声喊道："我从来不给傻子让路！""而我则相反！"诗人一边说，一边满面笑容地让在一旁。

大胆表达正面情绪，合理表达负面情绪

英国作家萨克雷有句名言："生活是一面镜子，你对它笑，它就对你笑；你对它哭，它也对你哭。"性格对于一个人的情绪有着极为重要的影响。性格好的人总能看到生活中好的东西，对于这种人来说，很少有令人伤心欲绝的痛苦，因为他们的眼里总是闪烁着愉快的光芒，他们总显得欢快、达观、朝气蓬勃。他们的心中总是充满阳光。当然，他们也会有精神痛苦、心烦意乱的时候，但他们的独特之处就是他们总能接纳这种痛苦，没有抱怨，没有忧伤，更不会为此而浪费自己宝贵的精力。

艾科卡曾是美国福特汽车公司的总经理，后来又成了克莱斯勒汽车公司的总经理。他的座右铭是：奋力向前。即使时运不济，也永不绝望，哪怕天崩地裂。他在 1985 年发表的自传成为畅销书，销售了 150 万册。

艾科卡的一生，用他自己的话来说，叫苦乐参半。1946年8月，艾科卡到福特汽车公司当了一名见习工程师。但他对与机器做伴、做技术工作不感兴趣。他喜欢和人打交道，想从事经销工作。

艾科卡靠自己的奋斗，终于从一名普通的业务推销员，当上了福特汽车公司的总经理。1978年7月13日，他被妒火中烧的老板亨利·福特开除了。当了8年的总经理，在福特工作已32年，一帆风顺的他从来没有在别的地方工作过，却突然间失业了。昨天他还是英雄，今天却好像成了传染病患者，人人都远远地避开他，过去的朋友都抛弃了他，这是他生命中受到的最大打击。

艾科卡告诉自己：艰苦的日子一旦来临，除了做个深呼吸，咬紧牙关尽其所能，实在别无选择。艾科卡是这么说的，也是这么做的。他没有倒下去，而是接受了一个新的挑战：应聘到濒临破产的克莱斯勒汽车公司出任总经理。

艾科卡，这位在世界第二大汽车公司当了8年总经理的事业上的强者，凭他的智能、胆识和魄力，大刀阔斧地对企业进行了整顿、改革，并向政府求援，说服国会议员，取得了巨额贷款，重振企业雄风。

如果艾科卡不勇于接受新的挑战，在巨大的打击面前情绪低落，甚至一蹶不振，那么他和普通人就没有什么区别了。正是不屈服于挫折和命运的挑战精神，使艾科卡成了世人所敬仰的英雄。

人所能承受的心理压力总是有一定的限度，超出极限，心理发展就会受到困扰，身体健康也会受到危害。当你极度悲哀、烦闷、沮丧、悔恨的时候，完全可以采取不伤害他人的办法，将其尽情地发泄出来，这比强憋硬挺要好得多。以下是一些缓解压力的方法。

1. 大哭。

尽情地大哭一场，眼泪能将忧伤、郁闷的情绪发泄出来，避免精神崩溃。

2. 倾诉。

向亲人、伴侣、朋友尽情倾诉一番，把埋在心底的那些话全部讲出来。讲完以后，你会发现身心无比轻松。

3. 写字。

写日记、写文章、写小说……写什么都行，把不愿意对别人讲的话，不想让别人知道的想法全都写下来，也可以达到发泄的目的。

4. 常做深呼吸。

找一个清静的地方，端坐，目视前方，深深地吸气，然后再呼出来，同时发出“嘘”的声音，几次以后你就会感觉舒畅多了。

5. 外出旅游。

到海滨、山里、湖畔、草原……投身到大自然中，内心的不快会被天地所吸纳。

6. 挑战自我。

大声唱歌、跳舞、攀岩、蹦极，总之，做你喜欢做而平时无法做的任何事情，你会觉得自己像换了一个人一样。

7. 听笑话或观看滑稽表演。

开怀大笑会舒缓紧张的神经，对健康有益。

停止攻击式表达，别让激化的情绪毁了你

相信很多经历过苦难的人对生活的磨难、不幸的遭遇，往往是付之一笑，看得很淡；倒是那些平时生活安逸平静、轻松舒适的人，稍微遇到不如意的事情，

便会大惊小怪，引来很多的烦恼。这说明，情绪上的烦恼与生活中的不幸并没有必然的联系。生活中碰到的一些不如意的事情，仅仅是可能引起我们烦恼的外部原因，烦恼情绪的真正源头应当从烦恼者的内心去寻找。

大部分终日烦恼的人实际上并不是遭到了多大的不幸，而是在内心素质和对生活的认识上存在某种缺陷。因此，当受到烦恼情绪袭扰的时候，应当问一问自己为什么会烦恼，从内在素质方面找一找烦恼的原因，学会从心理上去适应周围的环境。

每个人都有愤怒的时候，一发起怒来，常会演变成燎原的大火，使我们变成另一个人。愤怒是一种激烈情绪的表现，是一件坏事，也是一件好事，问题在于如何去利用它，把握它。

阿兰·马尔蒂是法国西南小城塔布的一名警察，一天晚上他身着便装来到市中心的一间烟草店门前，准备买包烟。这时，店门外一个叫埃里克的流浪汉向他讨烟抽，马尔蒂说他正要去买烟，埃里克认为马尔蒂买了烟后会给他一支。

当马尔蒂出来时，喝了不少酒的流浪汉缠着他索要烟。马尔蒂不给，于是两人发生了口角。随着互相谩骂和嘲讽的升级，两人情绪逐渐激动起来。马尔蒂掏出了警官证和手铐，说：“如果你不放老实点，我就给你一些颜色看。”埃里克反唇相讥：“看你能把我怎么样？”在言语的刺激下，二人扭打成一团。旁边的人赶紧将两人分开，劝他们不要为一支烟而发那么大火。

被劝开的流浪汉骂骂咧咧地向附近一条小路走去，他边走边喊：“有本事你来抓我呀！”失去理智、愤怒不已的马尔蒂拔出枪，冲过去，朝埃里克连开四枪，埃里克倒在了血泊中……

法庭以故意杀人罪对马尔蒂做出判决，他将服刑30年。一个人死了，一个人坐了牢，起因是一支烟，罪魁祸首是失控的情绪。

人皆有七情六欲，遇到外界的不良刺激时，难免情绪激动、发火、愤怒，这是人的一种自我保护的本能和心理反应。但这种激动的情绪不可放纵，因为它可能使我们丧失冷静和理智，使我们不计后果地行事。因此，我们在遇到事情时，在面对人际矛盾时，要学会克制，学会忍耐。

过度愤怒会毁了人们的生活。不论是轻微的不悦，还是突然的暴怒，不加控制地发展下去就都有可能引发争斗和暴力。极端的情绪不利于我们获得快乐，极端的愤怒会把我们的生活变成地狱，那么，在我们还有理智时为何不赶快阻止它们？所以，请浇灭心头之火，停止攻击式的情绪表达方式，别让愤怒毁了我们的生活！

放下仇恨，用宽容化解矛盾

在日常生活中，难免会发生这样的事：好朋友无意或有意做了伤害你的事，你是宽容他，还是从此不来往，或伺机报复？有句话叫“以牙还牙”，不来往或报复似乎更符合人的本能心理，但如果这样做了，怨会越结越深，仇会越积越多。

在一般人看来，做了错事的人应该得到报应才算公平。但英国诗人济慈说：“人们应该彼此容忍，每一个人都有缺点，在他最薄弱的方面，每一个人都能被切割捣碎。”每个人都可能犯下这样或那样的错误，但作为当事人要以博大的胸怀宽容对方，避免消极情绪的产生，消除人为的紧张，愈合身心的创伤。

每个人都有这样的体会，当无法忘怀别人给自己带来的伤害时，每次只要一想起，就会充满愤怒，进而产生消极的情绪，甚至会在这种情绪的作用下伤害到其他无辜的人。这就是仇恨的力量。仇恨会变形。你不碰它，它就不会影响到你，顶多是你前进路上的一颗小石子而已。你去招惹它，它就会无限变大，进而堵塞你前进的路。

所以要提倡放下仇恨，忘记别人曾给你带来的伤害，只有这样，才能心理平衡、解放自己。你宽恕了，你的怨恨、责怪、愤怒就没有了。“念念不忘”别人的“坏处”，实际上最受伤害的是自己的心灵，会搞得自己痛苦不堪。一个永远无法忘怀仇恨的人，轻则自我折磨，重则疯狂报复，而疯狂的结果是自我毁灭。所以，不论别人曾带给你多大的伤害，只要事情已经过去了，就不要耿耿于怀，否则就等同于用别人的错误来惩罚自己。

一个早年绯闻缠身的女演员，年近不惑依然明艳动人。当被记者问到，是什么让她保持如此良好的状态时，她笑着说，自己学会了不去记恨别人，忘记那些不开心的事，自然就会生活得很开心。她还坦言，从前的她活得很累，因为她无法忍受那些是非传闻，而现在的她无论发生什么事，都能以平常心去面对。

我们每个人都在寻找幸福和快乐。其实，学会忘记虽然无法补救坏结果，但一直仇恨只能让我们的心灵永远生活在黑暗之中。如果一个人选择了宽恕，那么他能把阳光洒向大地。当我们的心灵为自己选择了宽恕的时候，我们便获得了应有的自由。过去的事情已经发生，我们无法改变，但是我们可以选择遗忘还是铭记。快乐的事我们可以永藏心底，不快乐的事我们就要学会忘记。宽恕别人，可以让自己的情绪保持平静，心情变得轻松愉快。

学会遗忘，别让坏情绪给你的人生留下烙印

我们都知道，坏情绪引起的后果会影响我们的身心健康，也知道坏情绪总有一天会离我们而去。但即便坏情绪走了，在很长的一段时间里，我们仍然会受到糟糕后果的影响，有时是几天，有时是几个月，有时甚至会伴随我们一生。坏情绪就像一把利剑在我们的身上划了一刀，即便愈合也会留下疤痕，成为一种无法磨灭的烙印，存在于我们的生活中，这种烙印就像一种心理阴影，让我们无法忘怀，无法释然。

我们都是由孩子逐渐长大的，都会有这样的体验，童年时期发生的事情很难忘怀，不管是喜悦的还是难过的，童年的记忆是最深刻的。倘若一个人在童年时候有一次不好的遭遇，就会在心里留下阴影，成为一块心头烙印，伴随着他成长。

心理学家调查发现，很多在单亲家庭或气氛恶劣家庭中成长的孩子，或多或少都存在心理问题。这种阴影伴随着他们长大，如果控制不好，就会害人害己。比如，如果家里有一个脾气暴躁的亲人，就会让孩子形成一种暴躁的性格；如果家人经常处在忧郁的气氛中，也会让孩子形成一种孤僻忧郁的性格。家人的坏情绪会直接影响孩子的情绪，更会潜移默化地造成长期的影响，在孩子幼小的心灵上烙下无法磨灭的阴影。

小丽在认识她的男朋友郑军两年之后，才发现男朋友心中隐藏的秘密。郑军从小就失去了母亲，这给他带来了无法磨灭的阴影，原来他母亲的去世是郑军父亲一手造成的。他的父亲是个脾气暴躁、嗜酒如命的男人，喝完酒就会发火，经常埋怨母亲没出息，只要母亲顶几句嘴，父亲就会动手打她。如果母亲不顺从，

还会招致更猛烈的家暴。

郑军8岁时，在父母结婚十年后的一天，母亲终于承受不住父亲的摧残，想不开自杀了，躲在门背后的郑军清清楚楚地看到了这残忍的一幕。从此以后，郑军就恨他的父亲，不管父亲如何关心他，他都很冷淡，因为他的心里已经种下了深深的怨恨。

少年时，郑军也叛逆过、堕落过，直到遇到女朋友小丽。虽然她给郑军带来了很多快乐，但是怎么也无法抚平他心中藏着的深深伤痕，他的快乐背后一直隐藏着对于父亲的纠结和痛苦。再加上郑军个性倔强，从来不轻易向别人倾诉自己的内心，为此他的父亲也自责了一辈子。

郑军父亲的行为给儿子造成的影响怎样也无法抹去，如果父亲可以明智地控制自己的坏情绪，控制自己的坏脾气，就不会造成无法挽回的后果。可见坏情绪让我们后悔，坏情绪让我们痛恨，但是我们又无法避免坏情绪的缠绕，那么就试着减轻坏情绪给我们带来的影响。我们要学会通过调节和控制，减少坏情绪发生的概率，争取不让坏情绪给我们自己或别人的人生留下不可磨灭的烙印。

第六章

CHAPTER 06

控制情绪，缓解巨大的心理压力

情绪失控带来的严重后果

当我们在生活或工作中遇到不顺心的事，遭受不公平的对待，觉得自己受到委屈和伤害时，情绪就会变坏。这在所难免，但如果因此发怒，过于激动，后果就会很不好，因为带着情绪去处理问题，只会把事情弄得更糟，日后难以收拾。

虽然我们的情绪和性格有很大关系，但并不是不可改变的。只要我们常常提醒自己去注意、去克制，就完全可以让自己远离情绪的旋涡，保持良好的心态，从而得当地处理各种事务和人际关系。

一位成功人士说过，很多“聪明人”失败的原因在于他们没有很好地控制自己的情绪，心态不好，过于冲动。只有学会控制自己的情绪，才能对自己千变万化的个性，不再听之任之。只有积极主动地控制情绪，才能掌握自己的命运。

任平是某咨询服务公司的培训部主管。客观地说，她的工作态度和工作能力都很好，但她最终黯然地败退职场。严格地说，她的结局是她自己激情过度的牺牲品。

任平所在的公司立志在培训市场上占据一席之地，董事会一直想开发一套立足于中国本土的，有独立知识产权的培训教材。任平就是在这样的背景下加盟这家公司并被任命为培训部主管，全力负责新教材的开发、编撰。她被委以重任后，立即一头扎进去，带领团队全力以赴。她是一个完美主义者，甚至达到了吹毛求疵的地步，比如教材中需要一个数据，本来打个电话查询就可以了，但她非要派人到实地调查。

任平的这种追求完美的行为不但增加了开发成本，还延误了市场开发的进度。公司有几次都在肯定她前期工作的同时委婉地批评了她的效率，但她依然我行我素。后来，公司领导强调形势逼人，再次敦促她提高效率，可是她认定自己的辛苦没有得到肯定，自尊心受到了伤害，再联想到在出差途中险遇车祸，长期积累的怨气如同火山爆发，她拍桌子，摔茶杯，把公司形容成一个没有人性的冷血公司，令全场员工尴尬不已，领导威信扫地。

总经理办公会研究后认为，尽管任平劳苦功高，但她过于追求完美的狂热性格不符合企业风格和理念，严重影响了公司领导层的威信，如果留任则会留下隐患，决定让她停职反省。公司的本意是教育她的同时，挽回领导的面子，以后还是会给她机会的，公司一个副总事后还专门和她谈了话，但她哪里受得了如此“欺辱”，坚持要离开公司，谁也拦不住。

任平放纵激情的结果让她得不偿失，因为就在她走后不久，她主持开发的教材就热热闹闹地上市了，培训部也开始招聘，但这一切都与她无关了。

人都具有思维和感情，所以产生情绪上的波动是很正常的事。我们不可能事事都一帆风顺，如果我们遇事不能理智地控制自己的情绪，任由内心灼热的岩浆喷射出来，伤害别人，就会造成严重的后果。

成功的敌人除了缺少机会、能力有限，还包括缺乏对自己情绪的控制。其实，每一个成功的人都是能够控制自己情绪的高手，他们不会被自己的情绪所左右，也更容易获得成功。所以从某种程度上说，真正打败你的不是别人，而是你自己。如果你能够控制自己的情绪，那么就更容易掌握自己的命运。

情绪处理三步曲：what、why、how

在许多情境下，一个人应该泰然接受自己的情绪。例如，我们不必为了想家而感到羞耻，不必因为害怕某物而感到不安，对触怒你的人生气也没有什么不对。这些感觉与情绪都是自然的，应该允许它们适时适地地存在，这远比压抑、否认有益，接纳自己内心感受的存在，才能谈及有效管理情绪。

美国心理学家日莫曼提出了关于自我意识和自我监控的WWH结构，分别是what（是什么）、why（为什么）、how（怎么样）的第一个字母。

将其应用到管理情绪上，就是要弄清楚自己当时的感受，认清引发情绪的理由，再找出适当的方法缓解或表达情绪，这种办法可以被称为情绪处理三步曲。

首先，我现在有什么情绪（what）？

由于我们平常比较容易压抑情绪或者常认为有情绪是不好的，因此常常忽略自己真实的感受，所以情绪管理的第一步就是要能察觉我们的情绪，并且接纳情绪。情绪没有好坏之分，只要是我们真实的感受，我们就要正视并接受它。只有认清自己的情绪，知道自己现在的感受，才有机会掌握情绪，也才能为自己的情绪负责，而不会被情绪所左右。

其次，我为什么会有这种感觉（why）？

我为什么生气？我为什么难过？我为什么觉得挫折无助？找出原因才能知道这样的反应是否正常，才能对症下药。

最后，如何有效处理情绪（how）？

想想看，你可以用什么方法来缓解自己的情绪呢？平常当你心情不好的时候，你会怎么处理？什么方法对你是比较有效的呢？

人在遇到不良情绪的时候，如果不能自我调节，会给生活带来许多不必要的麻烦。因此，要学会自我排解、自我疏导，将不良情绪转化为积极情绪。

1. 要有自嘲精神。

遇到不良情绪时，不妨用自嘲精神调节一下心理，营造一个豁达、坦然的心理氛围。

2. 要有难得糊涂的精神。

在一些非原则性的问题上糊涂一下，无疑能避免不必要的精神痛苦和心理困惑。

3. 要有快速忘记的勇气。

对痛苦的记忆和积累是一种穿肠的毒药。忘记这些麻烦事，也是避免情绪波动最直接有效的方法。

4. 要有随遇而安的姿态。

培养自己适应各种环境的能力，遇事不过分强求，烦恼就少，心理压力也小。有时用随遇而安的心境去对待生活，你将拥有一片宁静清新的心灵天地。

5. 要有提高自我评价的意识。

一些不良情绪的出现常常是因为我们不能正确评价自己。既不要把自己估计得过高，也不要把自己估计得过低；既不要因为自己有某些长处而骄傲自满，也不要因为自己的某些短处而自卑自责。正确地看待自己的能力和水平，会减少很多烦恼，从而使自己保持乐观向上的心态。

反应调整：改变不良反应模式

不良反应模式就是对于具体事情或情景的不适当的反应，最常见的是带有负面情绪的过度激烈的行为。这种行为是自动进行的反应，不太受我们主观意识的控制。

不良反应模式的特征表现为三点：反应属于不适当反应，常带有负面情绪，自动进行。这样的不良反应模式既可以是小时候形成的，也可以是长大成人后形成的。形成的过程中会伴有受困情绪，即不良情绪长期受困于身体当中。不良情绪压抑在身体当中的时间越早越长就越难以感知、缓解和释放，所驱动的不良反应模式也就越难以改变。尤其是从小就受某种环境的影响而深入性格当中的部分，可能终生都难改变。

例如，某些童年时期经常被打骂的孩子，成人后在人际交往当中也容易产生冲突，在婚姻当中也容易发生暴力。相对来说，成人之后压抑的受困情绪会相对容易缓解和释放，但也需要特定的疏解场景和方法。如果不疏解，就会一直存于身体当中，当遇到相应的事件或情景时即会被引发，同时很可能会导致某种躯体疾病。例如，长期高压力、高紧张状态下的人容易脾气暴躁，也容易产生心脑方面的疾病。

可以说，每个人的身体内都存在不良情绪，情绪压抑的情形不一样，受困情绪的不良程度不一样，个体对情绪掌控的能力不一样，因此受困情绪的危害性和表现也就不一样。有的受困情绪表现为一种微弱的弥漫的不舒服感，有的受困情绪表现为短暂的强烈的气恼，由此驱动的不良行为也就有激烈与否之分。

改变不良反应模式，可以从思想意识、心理感受和身体三个层面入手。

1. 客观理性地看待问题。

陷入不良情绪时，要主动调动理智这道闸门的力量，控制不良情绪。当你将要发怒的时候，可以这样暗示自己：别做蠢事，发怒是无能的表现。发怒既伤自己，又伤别人，于事无补。这样你可能就会心平气和，安静下来。

2. 换个角度看问题。

我们可以通过改变对引起不良情绪的事物的看法，来改变我们的不良情绪。不良情绪的产生，通常是由于我们只注意到事物的负面或暂时困难的一面。如果换个角度，把注意力集中到事物的正面或光明的一面，我们就会看到解决问题的希望，从而乐观、自信起来。

3. 锻炼身体多运动。

当一个人情绪低落时，往往不爱动，越不动，注意力越不易转移，情绪就越低落，容易形成恶性循环。因此可以通过跑步、打球等体育活动来改变不良情绪。

情境选择：主动回避引发消极情绪的情境

情境选择指个体对自己将要遭遇的人和事做出回避的选择，从而对可能产生的情绪做出一定的控制。情境选择并不是随机的行为，它往往反映了个体对适当环境的选择，可能是有意识的，也可能是无意识的。

当我们产生激情后，不要急于去解决那些引发激情的问题，而要采取冷静的态度，将问题暂时搁置，留到以后再行处理。比如，余怒未消时，可以用看电影、听音乐、下棋、散步等有意义的轻松活动，使紧张的情绪松弛下来。

纪萌高考落榜了，看到同学们接到录取通知书时她深感失落，但她没有让自己沉浸在这种不良情绪中，而是潇洒地告诉好友："我要去避难了。"说完，她便出门旅游去了。风景如画的大自然深深地吸引了她，辽阔的海洋荡去了她心中的积郁，她的情绪平稳了，心胸开阔了，重新以良好的心态走进生活，面对现实。

所以，倘若你对环境有一种压抑感，或者你总为一些小事忧愁不已，你最好换一个更为开放广阔的环境，以净化自己的心境。一般来说，可以通过以下两种方式将不良情绪宣泄出来。

1. 转移。

所谓转移，就是为了控制住不良情绪，可以有意识地转移注意力，把注意力从引起不良情绪反应的刺激情境转移到其他事物或活动上去。比如，到田野里走一走，散散步，呼吸一下新鲜空气，放松一下郁闷的心情。

2. 自我疏导。

人在遇到不良情绪的时候，如果不能自我调节，就会丧失继续前进的勇气。如果善于自我排解、自我疏导，就能将不良情绪转化为前进的力量。

情境修正：努力改变无法回避的情境

有一个成语叫“触景生情”，顾名思义，就是人们通过眼前景物的触动，引起联想，进而产生某种情感。其实，人们的情感都是受到环境和气氛的感染在心底产生的。虽然环境对人的情绪、情感起着重要的影响和制约作用，但是心情好坏的主动权还是掌握在我们手里。我们在悲伤难过的时候，最好换一个环境。

恶劣的环境会刺激不良情绪的产生。比如，吵闹的人流会让我们产生烦躁的情绪，而身处狭窄的空间，会让我们感到压抑、憋闷。因此，当我们发现自己陷入恶劣的环境时，最好赶快逃离，让自己置身于一种截然不同的环境当中。

俗话说：“眼不见，心不烦。”当我们看不见、听不到时，自然就不会刻意地去瞎想了。而且新的环境会分散原先的“焦点”，帮助我们暂时忘掉不快、烦恼和痛苦。

小泽从小就很有音乐天赋，他立志将来一定要成为克鲁采尔那样的指挥家。

小泽在高中毕业后，来到欧洲深造，从马赛到巴黎，他感受到了艺术之乡的巨大魅力。他多次在国际指挥比赛中获得大奖，回国后受聘担任一家著名乐团的常任指挥。可是，乐团中的一些元老级成员对年轻的小泽很不服气，相比较而言，他们更崇拜德国著名指挥家富尔特文格勒的指挥风格。因此，他们拒绝参加演出，在空荡荡的剧场里，只有小泽一个人站在指挥台上。他没有想到，在国外历尽千辛万苦学到的本事，回到自己的祖国却遭到如此的冷遇，这简直让人无法忍受。

愤怒之余，小泽毅然离开了这里，开始了他的漂泊生活。他来到了美国，一切烦恼逐渐烟消云散。他除了潜心学习，还担任了当地乐团的指挥。他在这段时间接触了各种不同的音乐流派、艺术风格，经过他博采众长、整理加工，逐渐形成了自己的风格。后来，小泽被聘担任了世界顶级交响乐团的常任指挥，登上了音乐的最高峰。

情随境迁，在和谐的环境中，人的心情舒坦了，自然一切都会好起来。当恶劣的环境无法改变或很难改变时，我们不妨换个美好的环境，调节自己的情绪。就像故事中的小泽，在遭受别人的偏见后，如果我们无法改变别人的想法，还硬要留在让自己不开心的地方，只会徒增烦恼。反而不如下定决心，离开这里，去更广阔的地方，让自己收获更多的成长。

不管是生活中还是工作中，当人们感到不良情绪压抑时，“景”是“导火索”，“情”才是致人毁灭的“炸药”。当然，我们也可以通过转变想法，让“景”变为“处方”，让“情”变为“灵丹妙药”。

学会不在意：改变你的情绪注意焦点

在我们工作的过程中，引发负面情绪的事会有很多，当发现自己情绪不好时，我们可以做一些平时感兴趣的事情或活动，通过改变环境来达到平复心情的目的，如到室外走一走，到风景优美的地方玩一玩，也可以通过改变注意的焦点使自己从消极情绪中解脱出来，振奋精神，忘却烦恼。

你要相信，任何问题总能找到解决的办法，只不过要看时机。当你从积极的角度去思考你所遇上的事情时，你就会重新振奋起来，也会变得富有同情心，而这正是处理好人际关系，做好工作的基础。

一旦遇到会让你生气、引发情绪波动的事情时，不要把焦点放在谁是谁非上，也不要以为发发脾气就能了事，更没必要为此耿耿于怀，这样只会使自己的情绪变得更糟糕，无济于事。最好的办法是把焦点放在解决问题上，就事论事。争取经过你的努力使问题得到妥善的解决，这样更有助于消除负面情绪的影响。

有一对夫妇，吃饭闲谈时妻子兴致所至，一不小心冒出一句不太好听的话来。不料丈夫细细地分析了一番，心中不快，于是与妻子争吵起来，直至掀翻了饭桌，拂袖而去。

在我们的生活中，这样的例子并不少见，细细想来，这样的结果当然是因小失大。我们不得不说，有些人实在是太在意身边的那些琐事了。其实，这些人的烦恼，并非由多么大的事情引起的，而恰恰是来自对身边一些琐事的过分在意和计较。

比如，有些人喜欢句句琢磨别人说的话，对别人的过错更是加倍抱怨，对自己的得失耿耿于怀，对周围的一切过于敏感，而且总是曲解和夸张外界信息。

其实，这种人是自寻烦恼，这不仅使自己很累，而且使周围的人很无奈。要知道，过于在意和计较的毛病一旦形成，天长日久，许多小烦恼就会导致大烦恼。

美国的心理学家戴维·伯恩斯提出了消除烦恼的“认知疗法”，即通过改变人们对事物的认识方式和反应方式来避免烦恼。这就需要我们首先学会不在意，改变自己的注意焦点。

不在意，就是别拿什么都当回事，别钻牛角尖，别太要面子，别事事较真。别把那些微不足道的小事放在心上；别过于看重名与利的得失；别为一点小事而着急上火，动辄大喊大叫，以致因小失大，后悔莫及；别那么多疑敏感，总是曲解别人的意思；别夸大事实，制造假想敌；别像林黛玉那样见花落泪、听曲伤心、多愁善感，总是顾影自怜。要知道，人生有时真的需要大气一点。

不在意，是给自己设一道心理防线。不去主动制造烦恼来自我刺激，即使面对一些真正的负面信息、不愉快的事情，也要学会泰然处之，做到“任凭风浪起，稳坐钓鱼台”。这既是一种自我保护的妙法，也是一种坚守目标、排除干扰的妙策。

不在意，是一种豁达、大量与宽容。海纳百川，有容乃大。有宽广的胸怀和气度，是很容易告别琐碎与平庸的。而当你做到豁达与宽容，自然会表现得轻松幽默，从而洋溢出一种动人的魅力。

不在意的人，是超越了自我的人，也是活得潇洒的人。因为免了琐事的羁绊和缠绕，也就使自己获得了解放，这样，自有一片自由的天地任你驰骋。

当然，不在意并不等于逃避现实，不是麻木不仁，不是精神颓废和消极遁世，不是对什么都冷若冰霜、无动于衷，而是在奔向大目标途中所采取的一种洒脱、豁达、飘逸的生活策略。

自嘲解脱：将紧张的情绪转为轻松

自嘲就是调侃自己。自己的失误、不足甚至缺陷都能成为自嘲的靶子。越是丑处和羞处，越是不遮掩、躲避，反而还放大、夸张，然后巧妙地引申发挥、自圆其说，博得听众一笑。敢于自嘲的人，心态都很好。如果心胸不豁达、不乐观、不超脱是做不到的。自嘲不仅谁也不伤害，还可以活跃气氛、消除紧张感。

自嘲对人对己都是有帮助的。能力超凡者通过自嘲可以免去别人的嫉妒，平庸者通过自嘲可以让自己看到希望。一个人无论自己身处何样的境地，都要抱有乐观的态度，绝不能陷入消极的情绪之中，学会用自嘲的心态面对自己遇到的事。

一位女士把所有积蓄投资于股票市场，因为操作不慎赔光了。对此，她非常淡定，只是轻描淡写地说："来得快，去得也快。"一夜之间所有积蓄都赔光了，不能不说去得快，但真的来得快吗？不，那可是她全部的积蓄。显然，她这是在自嘲而已。同时，这种自嘲也帮助她战胜了自己的消极情绪。

自嘲是一种充满魅力的交际技巧。自嘲可以活跃谈话氛围，消除紧张，让自己在尴尬中寻到台阶，保住面子。不过，自嘲要把握分寸，过了就失去了效果。那么，如何做到适度的自嘲呢？

1. 自嘲不是顾影自怜。

自嘲不是尖酸刻薄，不是把自己讽刺得一无是处，然后让自身感到屈辱。相反，如果我们内心充满了爱，在这种情形下调侃自己，就能达到某种超脱的境界。

2. 大胆自嘲彰显自信。

对各种不足大胆自嘲，能让大家看到你的自信。利用自嘲的魅力摆脱窘境，一定能让人对你刮目相看。

3. 用自嘲拉近与他人的距离。

当你的失误引发了你和别人的对立情绪时，如果能适时地自嘲一番，一般能够获得别人的原谅，让别人觉得你有人情味，重新给予你友好的态度。

4. 自嘲是谦虚的象征。

人们在自嘲的过程中，不但能认识到自身的不足，还能让外人对自己刮目相看。自嘲的方式能够很好地遮盖你的锋芒，让人觉得你很谦和，不至于成为他的敌人。

心理置换：让越位的情绪回归稳定

当一个人情绪激动时，很容易意气用事，结果害人害己，造成无法弥补的遗憾。反过来说，当你觉得心情很好且身体机能处于良好状态时，你会表现得较为热忱、细心体贴、温文尔雅、和善可亲。

一位成功人士说过，很多事情失败的原因正是一个人没有很好地控制自己的情绪，心态不好，过于冲动，只有学会控制自己的情绪，领悟人类情绪变化的奥秘，才能更好地掌握自己的命运。

有一个叫巴桑的人，每次生气和人起争执的时候，就以很快的速度跑回家去，绕着自己的房子和土地跑3圈，然后坐在田地边喘气。巴桑工作非常勤劳努力，所以他的房子越来越大，土地也越来越广。但不管房子和土地有多大，只要与人争论生气，他就会绕着房子和土地跑3圈。

巴桑为何每次生气都绕着房子和土地跑3圈？所有认识他的人，心里都感到疑惑，但是不管怎么问他，他都不愿意说明。直到有一天，巴桑很老了，他的房子和土地已经太多了，他生气时，拄着拐杖艰难地绕着土地跟房子走，等他好不容易走完3圈，太阳都下山了。

巴桑的小孙子很是纳闷，问爷爷："阿公，您年纪已经很大了，这附近也没有人的土地比您的更多，您不能再像从前，一生气就绕着房子和土地走啊！您可不可以告诉我这个秘密，为什么您一生气就要绕着房子和土地走上3圈？"

巴桑禁不起孙子的恳求，终于说出隐藏在心中多年的秘密。他说："年轻时，我一和人吵架，就绕着房子和土地跑3圈，边跑边想，我的房子这么小，土地这么少，我哪有时间，哪有资格去跟人家生气。一想到这里，我气就消了，于是就把所有时间用来努力工作。"

孙子又问："阿公，那当您变成最富有的人后，为什么还要绕着房子和土地跑？"

巴桑笑着说："我边走边想，我的房子这么大，土地这么多，我又何必跟人计较？一想到这里，气就消了。"

巴桑因为能控制自己的情绪，所以才能掌握自己的行动，最后走向成功。而一个不能控制自己情绪的人，就必然要承受冲动的后果。在适当的场合，用适当的方式来排解心中的不良情绪，我们才会拥有更多的能量，更好的心情，才会获得真正意义上的快乐人生。以下是几个排解不良情绪的方法。

1. 适当地哭一场。

哭可以释放不良情绪，调节机体的平衡。

2. 痛快地喊一回。

通过急促、强烈、无拘无束的喊叫，可以将内心的积郁发泄出来。

3. 向亲朋好友倾诉。

把不愉快隐藏在心里，会增加心理负担。找人倾诉烦恼、诉说衷肠，不仅可以使自己的心情感到舒畅，而且能得到别人的安慰、开导，并找到解决问题的方法。

4. 进行体育运动。

一个人情绪低落时，往往不爱动。可以试试通过跑步、打球等体育活动来改变自己的不良情绪。

暗示调节法：多对自己进行积极的暗示

想要控制自己的情绪，不妨尝试一下心理学家推荐的暗示调节法。它指的是借助语言、动作、环境等多种形式，对自身施加积极的影响，从而达到减轻心理负担、调节消极情绪的目的。

暗示是人类最简单、最典型的条件反射。从心理机制上讲，暗示是一种被主观意愿肯定的假设，不一定有根据，但由于我们在主观上已经肯定了它的存在，心理上便会竭力趋向于这项假设的内容。

正是因为这样，当我们身处不良情境中，或是接收到了一些消极的刺激时，就可以对自己进行正面的、积极的暗示，以便让自己保持乐观的情绪、平稳的心境和良好的心态。

26 岁的小鲁是一名程序员。虽然他的性格有些内向，但在公司和同事能够和谐相处，上级对他也比较器重。

小鲁平时对自己要求较高，总觉得要做出一番优异的成绩才能得到大家的尊重，这在无形中也给他造成了一定的心理压力。

最近一段时间，小鲁常常觉得焦虑、烦躁，工作时难以集中注意力，工作效率有所下降。有一次他在编程时还出现了纰漏，上级虽然没有批评他，他却为此自责不已，情绪也变得更加糟糕，晚上还出现了失眠的情况。

一连几天，小鲁都没有睡好，早上醒来时觉得头昏脑涨，非常不适。洗漱时他从镜子里看到自己疲惫的面容，不禁有些担心。

“我一定要改变这种状况。”小鲁暗暗下了决心。他握紧了拳头，对着镜中的自己不停地说道：“小鲁，加油，你能行，你会越来越好！”

像这样连续重复了十几遍后，小鲁忽然觉得心情比之前轻松多了，这让他能够抖擞精神投入新一天的工作中……

在小鲁身上，之所以会出现两种截然不同的情绪状态，就是因为暗示在悄悄发挥着作用。当他在工作中出现了差错时，会自然而然地对自己进行消极暗示，认为自己能力不佳、什么都做不好、会遭到上级的否定。这样的暗示扰乱了他的心境，也唤醒了他潜藏在心灵深处的自卑、怯懦，加重了消极的情绪，让他感觉沮丧、焦虑。

幸好他在无意之中使用了暗示调节法，用积极的暗示对自己的情绪、意志、心理施加了正面影响，才让低落的情绪得到了缓解，而他也终于有了面对工作的信心，有了发挥主观能动性战胜困难的勇气。

也许你会觉得这有些不可思议，但容易受到暗示确实是人的心理特性之一，它是人类在漫长的进化过程中，逐渐形成的一种无意识的自我保护能力和学习能力。而暗示调节法的主旨就是要变无意识为有意识，也就是要对自己多施加积极的心理暗示，努力避免消极的心理暗示。

具体来看，暗示可以从语言、动作、环境这三个角度来进行。

1. 语言暗示。

积极的语言能够唤起我们内心深处愉快的体验，有助于改变消极的心态。心理学家通过研究发现，在进行语言暗示时，无论是大声喊出来，还是在心中默念，或是在纸上书写，都能够产生一定的效果。只不过这种用来暗示的语句应当尽量简短、有力，才能传达更多的情感，从而在我们的心中留下更加强烈的印象。

为了找到最适合自己的语句，我们可以先在纸上写下数个积极暗示语，如“你真棒”“你一定能成功”“你会越来越好”等，再对镜逐个演练，直到找到那条最有效的暗示语，再将它固定下来成为常用语，以后每天坚持使用，便能对自己的情绪产生潜移默化的积极影响。

在使用积极暗示语的同时，我们还要避免使用消极暗示语，如“彻底完了”“糟透了”“真倒霉”“好烦啊”等。这些说法是很多人遇到烦心事时的常见反应，也是他们给自己的一种消极暗示，会造成负面情绪的大量滋生，也会间接影响人们的意志水平，因此我们一定要将这类词语从自己的常用语中划去。

2. 动作暗示。

肢体动作也能够产生暗示作用，有助于唤醒某些情绪，有时这种唤醒作用甚至会比语言暗示更为明显。

比如，在情绪不佳的时候，我们可以坐直身体，握紧拳头，提醒自己要加油；我们也可以从座位上站起来，走到开阔的地方，张开双臂，挺胸抬头，让身体尽量向外舒展。这些肢体动作都能够带给我们积极的暗示，有助于提升自信心、快乐感，并能够让积极的情绪感染他人，让他人对我们的印象大为改观。

3. 环境暗示。

环境反馈给我们的视觉、听觉、嗅觉、触觉等信息会对心理活动产生很大的影响。

比如，周围的环境整洁、雅致、幽静，光线明亮，色彩搭配和谐，我们就会感觉心情舒畅、情绪愉悦、心态平稳。可要是环境脏乱、拥挤、嘈杂，光线阴暗，氛围压抑，我们就容易产生紧张、烦躁、焦虑等负面情绪。

所以，我们可以通过改变环境来对自己进行积极的暗示。例如，我们平时可以多待在宽敞明亮的区域，也可以选用暖色调的物品来装点周围环境，还可以在身边摆放一些绿色植物，同时处理掉家中毫无用处的瓶瓶罐罐……这些点点滴滴的环境暗示，都能对我们的情绪产生一定的改善作用。

除了上述三点，我们还可以通过描绘心理图像来调节情绪，也就是要在脑海中构想一幅美好的未来画卷，并且尽量做到具体化和形象化。这种训练也能够产生暗示作用，可以帮我们建立积极的情绪基调，并可阻止抑郁、焦虑等消极情绪的进一步发展。

利用反向调节法，帮助自己摆脱困境

很多情况下，人们的痛苦与快乐并不是由客观环境的优劣决定的，而是由自己的心态决定的。遇到同一件事，有的人感到痛苦，有的人却感受到快乐，这完全是不同的心态使然。

心理学家研究发现，从相反的方向思考问题，常常能使人的心理和情绪发生变化，得出完全相反的结论。心理学上把这种方法称为反向心理调节法，它能帮助人战胜沮丧，从不良的情绪中解脱出来。那么，如何才能养成并保持这种良好的情绪呢？下面的方法可以帮助你控制好自己的情绪。

1. 不苛求自己。

每个人都有自己的抱负，有些人把自己的抱负定得太高，根本无力企及，于是终日郁郁不得志，认为自己的运气不好。这无疑是自寻烦恼。有些人做事要求十全十美，有时对自己的要求近乎吹毛求疵，往往因为小小的瑕疵而自责，结果受害者还是他们自己。遇到挫折和不幸，应该想到事情原本可能更糟。懂得欣赏自己，心情自然就舒畅了。

2. 对他人的期望不要过高。

很多人把希望寄托在他人身上，尤其是妻子对丈夫、父母对子女，假如对方达不到自己的要求，便会大失所望。其实每个人都有他的思想及优点、缺点，何必要求别人迎合自己的要求呢？

3. 疏导自己的愤怒情绪。

当我们勃然大怒时，会做出很多错事或失态的事。与其事后后悔，还不如事前自制。把愤怒的情感和负面能量转移到其他活动上去，如打球或唱歌等。有一个很简单的办法是宣泄，比如当你悲痛欲绝时，可以放声大哭一场。

4. 暂时逃避。

在受到挫折时，你应该将烦恼放下，暂时离开令你伤心的地方，去做喜欢做的事，如运动、睡眠和看电影等。等到心情平静时，才重新面对自己的难题。

5. 向人倾诉烦恼。

把所有的抑郁埋藏在心里，只会令自己郁郁寡欢。如果你把内心的烦恼向你的好友或至亲倾诉，心情就会舒畅。

6. 为他人做事。

帮助他人不单能使自己忘却烦恼，还可以确定自己的存在价值，更可以获得珍贵的友谊。帮助他人等于帮助自己。

7. 在一段时间内只做一件事。

美国心理学家发现，忧郁、精神崩溃等问题的主要原因是急需处理的事情太多，精神压力太大。因此，想要减少自己的精神负担，在一段时间内只做一件事，以免弄得身心俱疲。

8. 不要处处与人竞争。

有些人心理不平衡，完全是因为他们处处以别人作为竞争对象，使得自己经常处于紧张的状态。其实人之相处，应该以和为贵，只要你不把别人看成对手，对方也不一定与你为敌。

9. 对人表示善意。

我们有时被人排斥是因为别人对我们有戒心。如果在适当的时候表现出自己的善意，多交一些心胸开阔、性格开朗的朋友，少树敌人，心情自然会变得平静。

10. 参加娱乐活动。

娱乐的方式不重要，重要的是能让你心情舒畅。

定期清除内心的垃圾

我们知道，房间长时间不打扫，就会堆满厚厚的灰尘。其实，在我们的内心也存在着各种各样的垃圾：或许是一些我们受过的伤害；或许是不堪回首的心理阴影；或许是一些难以启齿的陋习；或许是对金钱物质的贪婪。所有这些困惑、浮躁不自觉地在心里滚动着，使得我们活得很累。

一位心理学家曾说，人是最会制造垃圾污染自己的动物之一。一个人在尘世间走得久了，心灵不可避免地会沾染上尘埃，使原本洁净的心灵受到污染和蒙蔽。如果不把污染心灵的废物清除，势必造成心灵垃圾的堆积，而原本纯净无污染的内心世界，亦将变得满是污水。

我们每天都会经历很多事，想到很多事，开心的，不开心的，都在心里安家落户。心里的事情一多，心也跟着乱起来。痛苦的情绪，不愉快的记忆，如灰尘一样积聚在心里，恰如房间堆满了杂物变得杂乱无章，使人心烦意乱，萎靡不振。扫除心里的灰尘，为快乐腾出更大的空间，能够使黯然的心变得亮堂，使杂乱的心变得清净，从而告别烦恼。只有定期打扫自己的内心，才不至于使心灵铺满灰尘，才能更好地工作和生活，更好地享受工作的快乐和生活的幸福。

清理有形的垃圾容易，而清理人们内心诸如烦恼、欲望、忧愁、痛苦等无形的垃圾却不容易。清扫心灵垃圾不像日常生活中扫地那样简单，它充满挣扎，人们常常出于种种担心和阻碍不愿去清扫。

比如，平时生活太忙、太累，或者担心扫完之后，必须面对一个未知的开始，而你又不确定哪些是你想要的。万一现在丢掉的，将来想要时却又捡不回来，怎么办？有时明知道要清理，又不知道怎样做才好，想去好好整理，却又无从下手，好像越理越乱。因此，很多人最终选择了逃避，麻木疲倦地生活。

要清除心灵垃圾，首先，就是带着平静客观的心态去面对它们，好好地分析它们的成因。想想这到底是不是最坏的情况，如果不是，那最坏的情况是怎样的。

其次，要明白这些心灵垃圾大部分人都有，只是各自的表现形式不同而已，不是只有你才有这些烦恼。

最后，想想有什么是可以改变的，或者可以问其他人的意见，然后记录下来，越多越好。之后，经过分析总结出最现实、可执行的办法，一步一步把垃圾扫除，不要总想着一下子就清理干净，先从简单的容易的开始一点点地清理。

情绪升华：将消极情绪转化为积极的行动

当你为消极情绪所困，一味地压抑时，企图减轻它对你的影响不但没用，反而会使它更加缠着你。所以，对于一切你所认为的消极情绪都该重新检讨，对它们重新定位，并转化为积极的行动，如此，那些消极情绪不但不会再困扰你，反倒能带给你另一片天空。

拿破仑是法国伟大的军事家、政治家，他的父亲是一个极高傲但又穷困的科西嘉贵族。父亲把拿破仑送进一个贵族学校，在这里与他交往的都是一些极力夸耀自己富有、讥讽他家境穷困的同学。这种一致讥讽他的行为，引起了拿破仑的愤怒，但他一筹莫展。

接下来一段时间，拿破仑渐渐产生了自卑的消极情绪，他写信给父亲，说："为了忍受这些同学的嘲笑，我实在疲于解释了，他们唯一高于我的便是金钱，至于说到高尚的思想，他们是远在我之下的。"

同学们对拿破仑的每一次嘲笑、每一次欺侮、每一次轻视，都使他增强了决心，发誓要做给他们看，自己确实是比他们有能力的。

拿破仑是如何做的呢？这当然不是一件容易的事，他一点也不空口自夸，而是在心里暗暗计划。等到了部队时，他看见他的同伴正在用空闲时间追求女人或赌博，而他选择用这些时间来读书。拿破仑并不是读没有意义的书，也不是专以读书来消遣，而是为自己的将来做准备。他下定决心要让全天下的人知道自己的才华。

拿破仑的长官见他的学问很好，便派他在操练场上做一些工作，这是需要极复杂的计算能力的。他的工作做得极好，于是他获得了新的机会，拿破仑开始走上有权势的道路。

这时，一切的情形都改变了。从前嘲笑他的人，现在都涌到他的面前来，想分享一点他获得的奖金；从前轻视他的人，现在都希望成为他的朋友；从前看不起他的人，现在也都很尊重他。他们都变成了他的忠心拥戴者。

拿破仑之所以能成为伟大的人物，一个重要原因就是他学会了将消极情绪转化为实际的行动。其实我们大家都是长处与短处、优点与缺点并存的统一体。如果你在经过自己乐观的评判后，仍然无法摆脱自卑情绪，就要学会勇于面对现实。既然我们已经认识到自己确实存在某种自卑感，我们就不要欺骗自己，而是要真诚地面对它，力争用最好的方法来克服，这样我们就完全有可能获得许多意外的收获。

CHAPTER 07

第七章

情绪急救，安全度过情绪危机

建立情绪急救系统，有效管理负面情绪

我们经常会听到有人说这样的话："碰到不顺心的事情，我总也控制不住自己的脾气，有时候还会动手，过后就后悔，但下一次还是会忍不住这样。"我们常常会为自己的冲动情绪而后悔，暗暗在心里发誓以后再也不这样了，可是以后还是反复如此。究其原因，正是没有建立一个有效的情绪急救系统。

苏珊是电子厂的一名员工，最近她发现自己心情烦乱不堪，无奈去看了心理医生。她告诉医生，她实在是一个情绪很糟糕的人，老是把工作搞得一塌糊涂，如果再不改变这种状况，她肯定会被老板辞退。

针对苏珊的情况，心理医生要她回家把心里想到的话记下来，尤其是晚上睡不着觉时想到的话。次日，苏珊把写了心里话的两张纸交给医生。医生看过之后告诉苏珊，难怪她情绪低落，意志消沉，原来那些心里话全是她忧虑和害怕的事情，其实这些都是她凭空臆想出来的，生活和工作中根本不会发生。正是这些消极的念头浪费了她太多的精力，最后搞得她筋疲力尽，陷入负面情绪里无法自拔。

那么，我们如何才能建立情绪急救系统，帮助自己有效管理情绪呢？

1. 把忧虑和害怕的事讲出来或写下来。

不要给自己灌输消极的信息。听听自己内心说的话，把这些话说出来或写下来。久而久之，你会发现许多消极的念头都是多虑的，你便能控制自己的消极念头，而不是被消极念头套牢。到了那个时候，你的思想和行动亦会改变。

2. 摆脱消极想法。

只要消极的想法一出现，你就应该用一句“停止”的口令，把它打消。

3. 突出积极的一面。

你情绪低落，看什么事都是灰暗的，所以你要下决心除掉心魔，之后，应该立刻以积极进取的思想对自己的情绪进行改善。

一个朋友这样诉说自己的体验：每天晚上，他躺在床上总是睡不着，老是回忆那些不愉快的经历。最后，他实在忍受不了，干脆不去想令人心烦的事，而是回想和家人在一起度过的快乐时光，不久他脑海里全是美丽的回忆，很快便进入了梦乡。

愤怒急救：停止一再重复的反击模式

愤怒是负面情绪中最典型的一种。人在勃然大怒时会变得自暴自弃，从而失去自己重要的东西。人愤怒时，心跳会加速，呼吸也会加速，会使人感到内心如同有火在燃烧一样，全身充满力量，尤其是双手，会不由自主地握紧拳头，内心还会体验到一种冲动。听任愤怒情绪的摆布是非常危险的，愤怒的一个特征就是，它一旦因情绪激动而表现出来，便会让自己怒不可遏。如果这些爆发出的能量发泄到别人身上，就会伤害对方。

愤怒的人总会一直感到烦躁不安，情绪低落，也无法打起精神来认真做事。

而比这些更糟糕的是，如果一个人总是怀着无法抑制的愤怒，还会因此失眠、抑郁，甚至出现高血压、胃溃疡等疾病。

20世纪60年代早期，美国一位很有才华、曾经做过大学校长的人竞选美国中西部某州的议会议员。此人资历很高，又精明能干、博学多识，非常有希望赢得选举的胜利。

但是，有一个谎言在此时散布开来。3年前，在该州首府举行的一次教育大会中，他跟一位年轻女教师有过暧昧的行为。这只不过是一个很小的谎言，这位候选人却不能控制自己的情绪，对此感到非常愤怒，并竭力想为自己辩解澄清。由于按捺不住对这一恶毒谣言的怒火，在以后的每一次集会中，他都要极力澄清事实，以证明自己的清白。

其实，大部分选民之前根本没有听到或过多地注意到这件事，但后来人们却越来越相信有那么一回事了。有些人甚至振振有词地反问："如果你真是无辜的，为什么要百般辩解呢？"

如此火上浇油，使这位候选人更加气急败坏。他声嘶力竭地在各种场合为自己辩白，谴责谣言的传播者。然而，这却更使人们对谣言信以为真。最悲哀的是，连他的太太也开始转而相信谣言了，夫妻之间的亲密关系消失殆尽。最后，他在选举中败北，从此一蹶不振。

虽然这位候选人的智商很高，但很明显，他缺乏情商。就像故事所述，当他听到那些传言时，没有控制好自己的情绪，没有静下心来分析这种谣言的来源（如对手故意散播），也没有找到解决的方法，结果他怒气冲冲，落个一败涂地。

愤怒，其实是人们想要保护自己的防御本能。当我们感觉到自己即将蒙受损失时，就会一下子进入战斗模式，想要去攻击和自己敌对的人。当我们变得情绪化的时候，会因为一心一意想要保护自己而看不到别的事情。因此，不要把发言权交给感情，不让感情对自己发号施令，才是最明智的选择。

此外，愤怒是表面现象，其下还隐藏着如孤独、寂寞、悲伤、自我厌恶、不安等没有表现出来的情绪，也有很多自己没注意到的事。平日里掩盖了真实情绪过日子的人，一旦遇到契机，都会让这些情绪化为怒火喷发出来。下面教你几个能够控制情绪的方法。

1. 意识控制。

当愤怒不已的情绪即将爆发时，你要用意识控制自己，提醒自己应当保持理性，还可以进行自我暗示："别发火，发火会伤身体。"有涵养的人一般都能做到自我控制。

2. 承认自我。

勇于承认自己爱发脾气，以求得他人帮助。如果周围人经常提醒、监督你，那么你的目标会实现得更轻松。

3. 反应得体。

无论遇到什么事，你都应该心平气和，冷静地、不抱成见地让对方明白自身的错误，而不应该迅速地做出不恰当的回击，从而剥夺了对方承认错误的机会。

4. 推己及人。

凡事要将心比心，就事论事，如果任何时候，你都能站在对方的角度看问题，那么很多时候，你会觉得没有理由迁怒于他人，自己的气自然也就消了。

5. 宽容大度。

对人不斤斤计较，不要打击报复，当你学会宽容时，爱发脾气的毛病也就自然消失了。

焦虑急救：让躁动的心灵逐渐恢复平静

心理学家认为，焦虑通常是一种主观感觉，是对未来情境的恐惧，这种恐惧并没有真实的危险依据。这就意味着，当人感觉周围不安全的时候，就会产生焦虑情绪。其实，人们对这个世界的认知、对生活的体验，是一种自我情绪与思维的投射。

焦虑时，人的神经会高度敏感，人能看到、听到、觉察到平常不易发现的危险，反应也会比平常更快。人们之所以无法摆脱焦虑，常常是因为他们特别在意某件事或某个人，会因为这件事、这个人超出了自己的认知范围而感到不安。只要事情不顺心，就容易忧心忡忡、坐立不安，不知道该怎么处理，甚至害怕做出选择，进而变得恐惧。

俗话说得好："世上本无事，庸人自扰之。"心理学家通过研究发现，有些人的忧虑纯属杞人忧天，自寻烦恼，要么他们担心的事情根本不会发生，要么就是并不存在的幻想。事实上，这些人很多时候都是自己跟自己过不去，不仅对自己的身心造成伤害，还影响到生活、工作和人际关系等。

郑强遵从父母的意愿，大学毕业后回到家乡，在县城一家房地产公司从事人力资源管理，待遇还算不错。郑强积极上进，努力工作，学到了很多为人处世的技巧。但是随着国家商品房政策的收紧，公司收益连年下降，郑强的工资一直没涨，到手的奖金也是越来越少，心里难免感到有些憋屈，同时受到同事纷纷跳槽的鼓动，郑强决定辞职，一个人来到了省会。

经过几次应聘面试后，郑强顺利进入一家小有名气的投资企业，开始了顾问的工作。新的工作，新的环境，公司内部竞争激烈，郑强感到压力很大。再加上饮食不习惯，导致他心理状态极差，很大程度上影响了他和同事之间的人际关系。

最终，郑强又辞职了，重新开始找工作。一个月很快过去了，郑强却始终没有找到新工作。他开始怀疑自己当初的选择是不是错了，为什么干什么都不顺呢？他不知道下一步该怎么办，觉得自己前程一片渺茫。

其实，发生在郑强身上的这种现象，正是典型的职业焦虑症。在他经历了职业生涯的第一次跳槽后，面临着工作环境和内容上的变化，当他因为工作焦虑症辞职后，又面临着就业焦虑症，这一切使他走进了迷茫的职场焦虑期，使他对自己的能力产生了怀疑，自信心下降，导致害怕失败等焦虑情绪频繁出现。

既然焦虑给我们的情绪带来如此严重的影响，那么，摆脱焦虑的方法有哪些呢？

1. 充分认识自我。

俗话说："知己知彼，百战不殆。"我们应该充分了解自己的性格、优势、兴趣爱好，根据自己的资源优势来选择自己的生活或工作。

2. 坦然面对现实。

生活中发生意外的事情，我们可以分三个步骤进行处理：第一，不要惊慌失措，冷静地分析整个情况，分析可能发生的最坏情况是什么。第二，分析出可能发生的最坏情况后，让自己能够接受它。第三，有了能够接受最坏情况的思想准备后，冷静地把时间和精力用来改变那种最坏的情况。

3 写下所有焦虑的想法。

研究发现，把担忧写在纸上，撕了并扔掉，对缓解焦虑很有帮助。烦恼由心生，每个人或多或少都会有一些不合理的观念，它们会让自己陷入烦恼的旋涡。

思维支配行为，如果思维方式从一开始就是错的，违背了客观规律、人伦道德、法律法规，脱离了真善美，那么无论我们怎么想都不可能拥有良好的心态和情绪。倘若不合理的观念日积月累，还会导致我们出现情绪障碍，或者出现人格障碍。

愧疚急救：学会交换责任

俗话说得好："人非圣贤，孰能无过。"人在漫长的一生中，总会不可避免地犯下多种多样的错误，其实犯错是很正常的，及时改正就好了。但在有些人心里，这些错误就像石头一样压在心头，让他们喘不过气来。

在英国一所中学的实验课上，老师保罗·布兰德威尔博士给学生们做了一个演示，他把一瓶牛奶放在桌沿上，然后突然站了起来，一掌把牛奶瓶打碎在水槽里。他把学生们都叫到水槽跟前来，让他们看一看那瓶漏掉的牛奶，并说："这瓶牛奶已经没有了——你们亲眼看到它已经漏光了。不管你们如何着急，如何抱怨，都没有办法弄回来一滴。所以，不要为打翻的牛奶而哭泣！"

这个故事告诫人们，对待失误，要有一个正确的心态。心态不一样，看待问题的方式就不一样，结果也不一样。日常生活中，我们几乎每天都会犯各种错误。也许你总是想着已经做过的那些事情，心里却祈求自己并没有做过；或者是不断思虑说过的话，却总希望当时能把那些话说得更得体一些。然而，事情已经发生了，任何力量都无法挽回。莎士比亚说过一句著名的话："聪明的人永远不会坐在那里为他们的损失而悲伤，却会很高兴地想办法来弥补他们的创伤。"

我们要想成为一个快乐的人，最重要的一点就是要学会将自己所犯的错误、失误通通忘记，不要沉湎于懊恼悔恨之中，要一直往前看，不要让过去的错误和失误成为你的心理包袱。

那些成功人士，不仅能坚定不移地向正确的目标前进，而且在发现自己犯了过错时，也能勇敢地面对。他们应对错误主要有五个步骤，当然这也是他们用来改正错误的常见方法。

1. 承认错误。

承认错误需要一定的勇气和一定的头脑。勇气是敢于认错的前提，头脑是正确分析错误的基础。只有承认自己犯了错误，才有可能指出和改正错误，然后总结经验，吸取教训!

2. 分析原因。

承认错误之后，接下来就要分析产生错误的原因。遗憾的是，有些人选择无视自己的错误，根本不把它当回事；而有些人却无论如何也忘不了自己所犯的错误，长时间地处在自责之中。分析错误最主要的作用是了解产生错误的真实原因，使你将来不再犯类似的错误。

3. 制订改正计划。

很多人在承认错误与分析错误之后就以为万事大吉了，其实接下来应该做的是制定减少损害的程序，并着手纠正错误。

4. 向相关人员道歉。

说一句“对不起”是取得谅解的最有效方法。成功人士中有95%的人表示他们会在犯错之后道歉，并一致认为这是消除错误影响的关键。

既然知道是自己的错，你完全可以大大方方地说一声“对不起”，然后问对方如何做才能弥补。当对方告诉你他的要求时，你必须仔细倾听。如果对方的要求合理，就应该照做；假如你无法同意，也应该告诉对方，并建议采用其他方式进行弥补。

5. 调整自己的思维方式。

这个策略能够帮助你摆脱对于自己错误的悔意，调整做法，避免再犯类似的错误。当我们做错了事，即使没有被人察觉，自己也会内疚，主动承认错误，同样会起到警示的作用。

悲伤急救：难过想哭，并不是脆弱的表现

人在一生中难免会遇到各种各样使自己伤心难过的事情，悲伤与快乐是一对对立而又和谐的伙伴，悲伤时的撕心裂肺或许比快乐时的疯狂更让人刻骨难忘。但悲伤不该是人生的基调，一时悲伤可以，一世悲伤就未免太过凄惨了。

因为一件事伤心或愤怒，不用强忍泪水，不用强压怒气，也不需要对别人一味指责、谩骂。我们只需要简单地承认，承认此刻的内心感受，然后去体验、去经历，想哭就哭。深入了解悲伤和痛苦，将有助于我们更好地走出悲伤，进而战胜悲伤。

研究发现，三种情景会诱发人的悲伤情绪：第一，当人的需求、渴望无法满足，希望变成失望时，会产生悲伤情绪；第二，当人受到了无法弥补的损伤时，会产生悲伤情绪；第三，当人失去了自己的重要他人、重要物品或财产时，也会产生悲伤情绪。

情绪失控的时候，你不妨大哭一场，宣泄一下，适当地缓解压力，释放自己的情绪，切不可以让其淤积在心里，以免让我们的情绪陷入低谷。除此之外，我们还可以掌握以下方法，以摆脱悲伤带来的负面情绪。

1. 下定决心坚持到底。

局面越是棘手，越要努力尝试。过早放弃努力，只会增加你的麻烦。面对挫

折，只有坚持下去，加倍努力和加快前进的步伐，直到把事情办成。

2. 不要低估问题的严重性。

要现实地估计自己面临的危机，不要低估问题的严重性。否则，去改变局面时，就会感到准备不足。

3. 做出最大的努力。

不要畏缩不前，要使出自己全部的力量来，不要担心把精力用尽。面对危机时，成功者会做出更大的努力。

4. 坚持自己的立场。

一旦你下定决心要努力向前，要像服从自己的理智一样服从自己的直觉。顶住家人和朋友的压力，采取你所坚信的观点，坚持自己的立场。无论是对是错，都应该相信你自己的判断力和智慧。

5. 不要试图一下子解决所有问题。

当经历了一次严重的危机之后，在你的情绪完全恢复以前，要满足于每次只迈出一小步。不要企图当个超人，一下子解决自己所有的问题。要挑一件自己力所能及的事，而且就干这一件事。每一次对成功的体验都会增强你的力量和积极的观念。

6. 让别人安慰你。

无论局面好坏，失败者总是一味地抱怨。如果你是一个积极的人，平时能很好地应付自己的生活，那么在困境中，你就可以放心地把自己的懊悔和恐惧告诉别人，给别人一个安慰你的机会。

7. 坚持尝试。

克服危机的方法不是轻易就能找到的。然而，如果你坚持不懈地寻求新的出路，哪怕在成功的可能性很低的情况下也愿意尝试，你就能找到出路。与其专注于灾难本身，不如努力去寻求希望和积极之路。即使是在混乱与灾难中，你也可能形成独到的见解，它将把你引导到一个值得一试的新的冒险之中。

嫉妒急救：降低自我预期，修炼宽容之心

世间谚语常说“有量才有福”，意思是说有度量的人才是真正有福之人。那些小肚鸡肠的人，命运再好，福报也不会大到哪里去。

嫉妒是一种不良情感，是由于别人胜过自己而引起抵触的消极的情绪体验。嫉妒者不能容忍别人超过自己，害怕别人得到自己无法得到的名誉、地位等，在他看来，自己办不到的事别人也不能办成，自己得不到的东西别人也不能得到。

在现实生活中，我们常看到这样的现象：有的人心余力绌，又不甘寂寞，把别人的进步当成对自己的威胁，对能力和学识超过自己的同事百般诋毁，说人家这也不行，那也不是，甚至把别人说得一无是处。其实，这种人只是因为嫉妒心太强了。

事实上，每个人都有长处，也都有短处，所以，我们应该抱有这样的态度：“三人行，必有我师。”聪明的做法是降低自我预期，懂得释怀，懂得看开，放过自己，不要“作茧自缚”，虚心学习别人的优点，将那些有着一技之长的人视为“良师益友”。

张明皓在一家公司的市场营销部工作，近一段时间他感觉到工作很不顺畅，自己的情绪也很不稳定，因为在连着三个月的业绩评比中，张明皓都在女同事雯雯之下，屈居第二，为此他很不服气。私下他想当然地以为自己付出的时间和精力不比雯雯少，资历也比她老，怎么可能落在她后面呢？

一天，雯雯有事外出，张明皓便找了个空当，私自打开了她的电脑，下载了所有的客户资料。后来，雯雯知道此事后非常恼火，当面指责张明皓“恶性竞争”“挖别人的墙角”。经过一番唇枪舌剑，张明皓的心情可想而知。

回到家后，躺到床上的张明皓开始反思自己的行为。忽然，他心头豁然开朗：雯雯性格直爽，并不是那种凡事太过计较的人，只要我放下老前辈的架子不耻下问，她一定会尽释前嫌。

问题一想通，张明皓的心里轻松多了。第二天下班后，他特意邀请雯雯去一家保龄球馆玩，并诚恳地请教一些问题。这次倒是雯雯不好意思了，她说：“以前我对你的态度有些过分，请多谅解。”

自此，张明皓和雯雯重归于好，关系更进一层，业务合作也更愉快了。

待人处事，要包容大度。这个道理人尽皆知，可是这也是最典型的知易行难的事。事实上，人与人不一样，事与事有区别，不可能人人都合我们的心思，事事都如我们所愿，解决问题的唯一途径就是学会宽容。

我们在与他人相处的时候，不要仅仅拿自己的长处和别人的短处去比较，更要注意发现别人的长处，弥补自己的短处。能容人才能与人相处，才能最终容天下。

那么，我们要克服嫉妒心理，应该注意以下几点。

1. 要善于取他人之长，补自己之短。

在与他人相处的时候，不要仅仅拿自己的长处和别人的短处去比较，更要注意发现别人的长处，弥补自己的短处。

2. 要走出自我的小圈子，做个聪明人。

如果说嫉妒心理代表着狭隘，那么能够积极地容纳别人则代表着旷达。我们每个人都希望自己是个聪明人，我们应力争做一个能够积极地容纳别人并欢迎别人超越自己的聪明人。

3. 要丰富自我的内涵。

从我们对嫉妒危害的分析中，可以看出嫉妒是一种害人害己的消极心理。要克服人性中这些狭隘、自私的弱点，就应该用智慧和知识来充实自己，使自我的内心世界更加丰富。

后悔急救：让心理转个弯，让自己更有弹性

生活中，我们经常会安慰别人说，这个世界上没有卖后悔药的，其实我们心里更要记住和明白，不要轻易做让自己后悔的事。我们做事前一定要养成多思考的好习惯。

对待生活和工作上的失误，要有正确的心态。一个生活在追悔中的人，只在乎痛苦的、不幸的过去，就会忽视充满希望的今天和明天。人不能生活在过去，现在和未来才是更重要的。既然错已经犯下了，那么任何后悔都是徒劳的，与其独自叹息，不如把它忘掉，振作精神，尽最大努力来弥补自己的过失，努力做好下一件事，认真生活。

著名的化学家、实业大亨、诺贝尔奖的设立者诺贝尔曾在一次试验中，不慎引发了一场大火，他最亲爱的弟弟在大火中不幸遇难。诺贝尔的内心充满了自责，他觉得无法面对母亲、家人，曾想就此放弃研究。但经过一段时间后，他的心里平静下来，即使自己就此放弃事业，也无法挽回弟弟的生命，那将更加愧对死去的弟弟。于是他重新走进实验室，总结了上次试验失败的教训，并最终取得了成功。

当然，“三思而后行”，不是要我们陷入优柔寡断之中，而是提醒我们不要轻率行动，警告我们遇事一定要冷静，懂得分析，要做合理而周密的判断，这样才会获得最大的效益。尤其是对于那些性格急躁、脾气暴躁的人来说，最好把“三思而后行”当成牢记于心的格言。

那么，怎样做到“三思而后行”呢？

1. 遇事冷静。

不要激动，更不要冲动，保持客观清醒的头脑，理智地思考问题，厘清事情的前因后果。多问问自己，这件事情可行吗？它会造成什么结果和影响？

2. 换位思考。

在做事情之前要学会深思熟虑，从事情的不同角度出发进行思考。全方位认识，然后做出周密的计划，最后一步一步踏实执行。

3. 要有前瞻的眼光和判断，要分析和思考自己是否能够承担后果。

有一位哲人说过，真理和谬误往往只有一步之遥，有时候我们一个错误的决定会让事情毁于一旦，或者带来无穷的麻烦。

4. 学会阶段性思考。

当你觉得自己实在想不出更好的办法去解决问题时，那就中断思考，缓一缓，把事情放下来，然后出去散心，或者做另外一件事情。等内心准备充分或冷静下来时，重新开始处理事情，我们就会换一种思维，发现新方法。

孤独急救：接受自己，陪伴自己

伴随我们人生的，除了社交，还会有孤独。适当独处，对我们的人生完全没有坏处，并且对于培养我们的沉思气质和独立思考的能力、习惯，都有很大的好处。

试想一下，在劳碌了一段时间后，避开纷杂的人事，在某个安静平和的环境中，一个人静静地待着。不想说的话不说，不想做的事不做，不想见的人不见；没有人与人之间的尔虞我诈，只有一个人的世界。这其实是一种境界。

当然，请不要忘记，适当独处并不是最终目的，不是为了远离尘世，恰恰相反，适当独处是为了更好地与他人同歌共舞。所以，如果你想更客观、更真实地观览人生，观览人世，审视自我，可以暂时地拉开一段与尘世的距离，去适当地独处一阵。之后，你会发现自己可以飞得更高！

那么，一个人该如何战胜孤独呢？

1. 不必为了自己跟别人不一样而忧心忡忡。

因为自觉跟别人不一样，所以不敢跟别人接触，这是自卑心理造成的一种孤独状态。这就像作茧自缚一样，要冲出这层包围着你的黑暗，你必须首先突破自卑心理织成的茧。大可不必为了自己跟别人不一样而忧心忡忡，人人都是既一样又不一样的。只要你自信一点，钻出自织的茧，你就会发现和别人交往并不是一件难事。

2. 主动与外界交流。

独自生活并不意味着与世隔绝。当你感觉到孤独的时候，翻一翻你的通信录，也许你可以给某位久未谋面的朋友写一封信，或者给某位朋友打一通电话，体会友谊的温暖。

3. 为别人做点什么。

要打破尴尬的局面，唯有忘我。想一想你能够为别人做点什么，这很有好处。

4. 享受自然，走入社会。

许多有过痛苦经历的人都说，当他遭到厄运的袭击，而又不能够对人倾诉时，他会不由自主地跑到最热闹的街道上去，他觉得只要置身于人潮之中，就会忘掉寂寞。

5. 确立人生目标。

要想从根本上克服内心的脆弱，可以给自己确立一些目标和培养某种爱好。一个懂得自己活着是为了什么的人，是不会感到寂寞的。同样，一个活着而有所爱、有所追求的人，也是不怕寂寞的。

6. 寻找精神的寄托。

一个人生活中有爱好，才能使生活趣味化、生动化、优美化。喜好一种东西，或一种工作，可以使你的生活充满情趣。因为你有所爱好，精神才会有所寄托，心灵才能有所依附。

恐惧急救：传递爱的能量，在恐惧中前行

我们也许都体验过恐惧的感受，担惊受怕，忐忑不安，绝望无助。有时候，对于恐惧，我们不想面对却又不得不面对，似乎无处逃离。事实上，恐惧是人们与生俱来的情绪，是每一个人的本能反应。每个人都有自己的弱点，都有害怕的事情和害怕的东西，尤其是面对失败和困难的时候，我们都会产生恐惧和害怕的心理。

恐惧具有强大的力量，会瞬间摧毁我们的精神，让事情变得更糟，甚至会损害我们的身体。如果不想让恐惧成为我们的心魔，就必须鼓起勇气挑战恐惧、战胜恐惧。内心真正强悍的人，才能无所畏惧，才能战无不胜，攻无不克。

在一个天寒地冻的深夜，盖尔正独自驱车穿过雪原地带。突然他的车轮打滑，车子撞进了路旁的雪堆，20分钟过去了，盖尔没有看到一辆车路经此地。看来坐在车里等着是毫无指望了，他认为最好的方法是步行求援，于是他身穿

便服，开始向来路跑去。稀薄而寒冷的空气使他在跑了几分钟之后便气喘吁吁，一阵疲乏感袭来，他觉得浑身麻木，接着是令人瘫软的恐惧。“我会死在这冰天雪地之中的！”意识到这个念头很可怕，盖尔的脚步不知不觉地停了下来，过了一会儿，他对自己说：“如果我真的要死了，光发愁也无济于事。”盖尔没有想到，一个小时过去了，他竟然渐渐恢复了体力，于是他一口气走了40分钟，终于找到了一户友善的人家。

恐惧表现为不安、忧虑、嫉妒……当这些负面情绪达到一定程度的时候，人就会有逃避的冲动。你要对自己说：“逃不过去的，不妨给那个糟糕的结果迎面痛击。”躲着它，你就被它折磨；主动挑战它，你就会发现它其实没那么可怕，坚韧的内心将带给你无穷的力量，让你摆脱负面情绪的控制。

那么，我们如何战胜恐惧呢?

1. 给自己勇气。

做任何事情都缺少不了勇气，有了勇气，在面对自己喜欢的事和自己的梦想时就不会畏缩，而是会大胆地跨出自己的脚步，然后一步一步走向成功。有了勇气就敢于挑战任何事情，其实是勇于挑战自己，敢于尝试没有做过的事情，让自己的人生充满激情。

2. 永远对自己充满信心。

信心是成功的垫脚石，失败并不可怕，可怕的是在前进的道路上失去信心。我们要时刻给自己打气，时刻对自己说“我能行，我是最棒的”，相信自己的实力，展现自己的优势，挖掘自己的潜力，认准目标，抱着必胜的决心积极进取。

3. 平时多锻炼自己的胆量。

每个人都有自己害怕的东西，其实这些都是心理在作祟，不管是天生的害怕，还是某件事留下的阴影，都可以在后天的影响下改变。比如，平时多锻炼胆量，害怕做某事就故意去试着做一次，不行就做第二次，次数多了，心理上就会出现一种疲乏的状态，恐惧就会减少。

失落急救：重整逝去的关系，学会真正的道别

我们在面对生活的不如意时，在面对理想与现实的落差时，都会感到失落。面对失落，有的人沉浸其中，无法自拔，有的人却能努力改变这种消极的状态，获得重生。

李飞毕业后被分配到一个效益不太好的工厂做工人，这和他的志愿简直有着天壤之别。其实李飞本人的素质还是很不错的，他文笔不错，而且思维活跃，聪明能干。然而，命运之神似乎是在和他开玩笑，领导最后让他做擦拭机器的工作，整日与这些笨重的铁家伙为伍。

李飞倍感失落，心情郁闷极了。国庆期间，李飞来到了乡下的姑妈家散心，就是这个偶然的机会，改变了他的一生。有一天，乡里来了一个马戏团，来观看表演的人可以用人山人海来形容。等到李飞来看的时候，发现根本已经看不到表演了，因为前面已经筑起了厚厚的人墙。

这时，一个小男孩引起了他的注意，这个小家伙正在用砖头垒一个平台，他还很小，一次只能拿两块砖头。李飞不知道他已经往返了多少次，只看到他已经搭起一个接近半米高的平台。小男孩的脸上已经有了汗水，但他仍然一趟一趟地往返着，平台也在一层一层加高。终于，小男孩的平台搭完了。

小男孩注意到了李飞在看他。他在登上平台看马戏表演的时候，回过头来

向李飞露出了一个成功的笑容，正是这个笑容启发了李飞，小男孩尚且能为自己搭建一个平台来越过重重人墙的障碍，自己为什么不行呢?

李飞回来后，不再马虎地对待自己的工作，在精心钻研本职工作的同时，还开始尝试着写稿子。三年后，他凭借着自己优异的工作成绩被提升为车间主任，同时由于笔耕不辍，也开始在报刊上发表一些作品。五年后，有两家单位都争着要李飞到他们单位工作。一家是文化公司聘他去做主编，另一家是外资企业招他去做经理。李飞经过认真考虑，跳槽到了自己更喜爱的文化公司。

失落感常常是困扰许多人的烦恼。一般来说，一个人产生失落的原因主要有两点：一是不适应角色的转变，一个人在失去原来已习惯担任的角色时，很容易产生失落感。二是理想与现实相差太远，个人在生活中找不到适合自己的位置时，便会有一种被生活遗忘的感觉，认为自己是个多余的人。那么，我们该怎样对付失落呢?

1. 奋斗使人产生充实感。

失落感是因为个人在社会生活中失去了位置，个人的价值找不到实现的方式。要想改变它，不妨想办法证明自己对社会是有用的。奋斗能让你显示自己的能量，它将是你摆脱失落感的最佳方式。

2. 积极扮演自己的角色。

有时，我们会因为角色上的错位而产生失落感，也许我们现在担任的角色并不是最适合自己的，不是一个理想的角色。但不管怎样，我们对自己目前的角色都要积极地扮演。积极扮演角色会使自己感到充实，因为任何角色都是组织中不可缺少的环节，积极扮演角色就能体会到它的主要作用，个人的价值也会因此而实现。此外，只有积极扮演角色，才能发现自己的才能，才能找到更适合自己的位置。

自卑急救：为自己建立起新的身份认同

自卑是一种过多地自我否定而产生的自惭形秽的情绪体验。奥地利个体心理学派创始人阿尔弗雷德·阿德勒认为，自卑是个体由于生理或心理上的缺陷或其他原因所产生的对自我认识的态度体验。具体表现为对自己的能力或品质评论过低，轻视自己或者看不起自己，担心失去他人的尊重的心理状态。

如果你是个极端固执的自卑者，总是认为自己有这样那样的不足，那么，你的生活往往会过得很艰难。倘若在你内心深处存有自卑的阴影，你就会在困难面前退缩，在他人面前抬不起头来。

一个冷酷无情且嗜酒如命的人，在一次酗酒之后把酒吧里自己看着不顺眼的服务员给杀了，结果被判终身监禁。他有两个相差一岁的儿子，其中一个孩子因为时常背负着有这样一个父亲的强烈自卑，最终染上了吸毒和酗酒的恶习，结果也因为杀人而进入监狱。另一个孩子却成了一个跨国企业的CEO，组建了美满的家庭。说起来可能有些人不相信，造成这种差距仅仅是因为他不把自己有个杀人的父亲当作自卑的负担放在身上，他不断告诉自己："我有个杀人父亲的事实虽然不能改变，但是我可以改变自己，我依然是最出色的。"

自卑让你低估自己的形象、能力和品质，总是拿弱点跟别人的长处比，让你觉得自己真的是什么都不会，什么都不如别人。然后，你就会越来越自卑，越来越抬不起头来。

自卑会像蛀虫一样吞噬你的人生，它是你走向成功的绊脚石，是快乐生活的拦路虎。自卑会让你的心态逐渐变得消沉，你将生活得毫无激情。如果一次偶然的挫败就令你垂头丧气，一蹶不振，将自己的一切否定，那么，你就会觉得自己一无是处，掉进自责自罪的旋涡。想要突破“自卑的网”，请依照以下五个步骤进行训练。

1. 经常跟自己说“我真棒”。

你要经常跟自己说“我真棒”。做事情的时候，你可以一直想着你就是最出色的，并且付诸努力。

2. 学会从小目标做起。

不要好高骛远，要确立合适的目标，从小事做起，一步一步地去干那些自己能干的事，即采用循序渐进的方式来调节自己的心理。

3. 不要有虚荣心。

虽说虚荣心能够督促你努力奋斗，可是一旦失败，你会更失望，你的内心所受打击也更大。

4. 忘掉过去所发生的一切。

你要努力从过去的心理创伤中摆脱出来，不要总是责备自己。争取迅速忘掉过去发生的那些负面的事情，对你来说是非常重要的。

5. 扔掉身心缺陷的包袱。

你不能总是戴着有色眼镜看待自己，更不能戴着有色眼镜看待他人。你必须知道，社会中绝大部分人都是怀有同情、关切、爱护之心的。要坚信，当你用顽强的毅力获得成果时，社会将会对你更加尊敬，不必为一些身体或心理上的缺陷而背上瞧不起自己的包袱。

抱怨急救：想让事情改变，需要先改变自己

经常听到有人抱怨，抱怨找不到合适的工作，抱怨不能进好的单位，抱怨没有碰到好的领导，抱怨没有施展才华的机会，抱怨应该被提拔而没有被提拔，抱怨得不到科研经费，等等。但在抱怨之前，我们是否应该问自己一句：“我做好自己应该做的事情了吗？”

生活或工作中，我们可能受到了不公平的待遇，但我们应该让自己少一些抱怨，多一些积极的心态去努力进取。如果我们只是一味抱怨社会，抱怨他人，那么将很难获得成功。

小王和小郑是大学同学，毕业后又一同进入了一家非常著名的公司。同学和老师都很羡慕，小王扬扬自得地说：“你们就等着瞧吧，公司将会因我而改变，总有一天，公司将会以我为荣。”他以为公司将会把他安排在管理岗位上，却没想到被安排到基层车间做维修工。维修工作很脏，很累，干了几天小王就开始抱怨：“让我干这种工作，真是大材小用！”于是，他开始藏奸耍滑，偷懒懈怠。

三个月后，跟小王一同进入公司的小郑被提拔到了管理岗位，小王得知后十分不理解，他开始抱怨：“老板为什么不重视我？我什么时候才能脱掉这身油乎乎的工作服？”后来，他工作的时候更加懈怠，以前偷懒还躲着主管，现在竟然当着主管的面开起了小差。

公司接到了一份很大的订单，只有开足马力生产才能完成。为此，公司要求维修工对设备进行检修并严阵以待，保证设备正常运转。小王又是习惯性地敷衍了事，留下了隐患，导致在生产最忙碌的时候，设备出了故障。虽然经过

全体维修工抢修，设备恢复了正常，可还是耽误了生产，延误了交货日期，公司为此遭受了损失。小王却依旧抱怨说："都是设备老化，谁也无能为力。"年底公司裁员，小王被裁掉了。小王还在抱怨："为什么是我？"

不可否认，抱怨会减轻个人心中的不快和不满，但它的危害也非常明显，就是不能使人朝着积极的方向发展，就像故事中的小王，一个习惯将抱怨挂在嘴上的人，只会与成功渐行渐远，滑向失败的深渊。

如果抱怨成了一个人的习惯，就像搬起石头砸自己的脚，于人无益，于己不利。其实，环境是由人改变的，有些人抱怨社会不公，抱怨处世艰难，这都是消极的行为。与其怨天尤人，不如反躬自省，如果我们真的能掌握做事的原则，把握做事的分寸，修身养性，我们就会减少很多失败。就像故事中的小王，要是他当初看问题的角度全面一些，既能看到事情消极的一面，也能看到事情积极的一面，他就不会产生抱怨的情绪，也不会落个被裁的下场。

挫折急救：坚持下去，一定会有奇迹

我们都明白一个道理：做任何事情贵在坚持，坚持下去，说不定就会有奇迹发生。成功也是如此，事实上，许多成功都不是偶然的，我们除了要有坚定的目标，良好的机遇和舍我其谁的勇气，最重要的是贵在坚持。志向再宏大，梦想再美好，如果不懂得坚持，遇到挫折就选择放弃，半途而废，成功只会离我们越来越远。

古人云："绳锯木断，水滴石穿"，其中的奥秘就是坚持。自古以来，凡是能够成功取得辉煌成就的人，无不具有坚持的精神。每个人的成功都不会一帆风顺，当一个又一个的困难和挫折迎面扑来时，我们不仅要懂得鼓起勇气战胜它们，更要懂得在打败它们后继续坚持下去。唯有心存这样的信念，我们才会不断进步和前进。

某大型化妆品公司的董事长郑丽丽多年来一直在为“美丽”奋斗，而驱使她不断努力向上、从挫折中站起来的便是“坚持不懈”的精神。

20世纪90年代，郑丽丽精心挑选了一批美容产品，带领6名受过训练的职员，在国外租了一个仓库，准备通过销售产品，在当地开设分支机构。怎料一场大火把仓库内的所有产品烧了个精光。产品没了，欠下银行一大笔贷款，还要赔偿被烧毁的仓库。

她说：“当时只感到两手空空，脑袋里也空空的，什么都没有了。”就在她感到绝望的时候，突然想起了小时候父亲和她一起玩耍的不倒翁，顿时浑身充满了力量。她对职员说：“做人要学习不倒翁精神，遇到挫折倒下来不要紧，最要紧的是懂得如何再次站起来。我们须知，坚持的力量强大无比，它可以让你获得战胜困难的勇气和智慧。”

后来，郑丽丽返回国内，准备重建事业。一年后，她还清了银行贷款，手头还积累了些钱，于是再次开启了公司的扩张之路。这次重启之路的工作进展并不顺利，虽然困难很多，但每当在要打退堂鼓时，她就想到了“不倒翁”，于是就咬着牙坚持下来，最终公司获得了很好的收益。

人生是一个漫长的旅程，每个人都想为它画上一个圆满的结局，然而，崎岖和坎坷却实实在在是我们无法避免的事。那么，我们唯一能做的就是：坚持下去，把没有做完的事做完，把不如意变成如意，把不幸变成幸运，把失败转为成功，就如郑丽丽一样，为自己收获一份沉甸甸的果实。其实，几乎每一个成功人士的背后都有许多这样刻骨铭心的“坚持不懈”的故事。

事实上，坚持也不是盲目的坚持，而是带着信念的坚持，是不断摸索和总结的坚持。俗话说得好：“台上十分钟，台下十年功。”那些舞台上演技出神入化的艺术家，哪一个不是在台下不断地摸索，不断地刻苦学习，才能让观众看到自己最精彩的表演。

成功不是偶然的，机会也不是随时可遇的，它总是青睐那些时刻做好准备、一直坚持的人。所以，我们有理由相信：坚持下去，就一定会有见证奇迹的那一天。

CHAPTER 08

第八章

自我修复，锻造温暖而强大的内心

直面至暗时刻，不要觉得未来无望

希望在任何时候都是一种支撑生命的安全力量，人们的成功常常始于一个希望。因此，我们要想完成某项事业，在努力的过程中，无论遇到多么大的艰难险阻，心中都要永远存有希望。

希望对于造就成功的人生具有惊人的力量。如果你想要自己的生命绽放出美丽的光环，你就应该热烈地、坚毅地渴望着那些理想。而对于那些成功者来说，生活无论怎样贫苦，怎样不幸，他们总是充满自信，充满希望，相信好日子终会到来。

艾肯是一位演员，当她准备在一部市场看好的电视剧里饰演女主角的时候，却得知自己患了乳腺癌。正处于事业巅峰的艾肯陷入了深不见底的泥沼中。事情变化得太突然，艾肯无法接受这个现实，痛苦得不能自拔。她整天躺在床上痛哭，以为自己很快就会死掉，还担心家人失去她以后生活会变得一团糟。直至有一天，发生了一件事改变了这一切。

在一个新影片的首映式上，一个朋友发现艾肯的神情有些异样，关心地问她有什么麻烦。艾肯一时控制不住自己的情绪，向她哭诉自己的痛苦。朋友没说话，拉着她来到家里。朋友的妈妈得知详情，把她带到卧室后掀开上衣，艾肯看到她的胸部有一条伤疤。原来老人家 11 年前患了乳腺癌，做手术切除了肿瘤，现在她的身体非常健康，只有看到伤疤时她才会想起自己曾是癌症患者。

艾肯猛然醒悟，她又对自己的生活充满了希望。她很快接受了手术和化疗，在与死神的较量中，她顽强地挺过来了。

我们在遇到心痛难过的情况时会本能地想逃避，找借口让自己不去面对、不去感受，这很正常。但是如果我们不承认、不面对，又怎么通过生活中的各种情绪感受，各种人事经历来认识自己，让自己的心灵成长呢？

不可否认，失败会带给我们消沉，但那只是暂时的。当失败过后，我们会变得坚强，变得懂事，变得成熟，变得更有魅力。当失败过后，我们才觉得，失败的降临就像是岁月早已为自己准备的一份缘，是我们成长中必不可少的甘露。所以，我们不得不感谢失败带给我们的宝贵经验，不得不感谢失败带给我们的一生财富。

人生是一个漫长的旅程，我们每个人都想拥有一个圆满的结局，然而，一些想到或想不到的挫折总会猝不及防地袭来。面对这些，我们唯一能做的就是微笑面对，把没有做完的事继续做完，把不幸变成幸运，把抱怨转化为感恩，把失败转化为成功。

保持希望：不要失去面对失败的勇气

生活中，我们每个人都会多多少少面临一些失败和挫折，为什么有的人能获得成功，有的人却屡屡失败呢？关键在于后者把失败当成了纯粹的失败，他们在一连串的抱怨声中迎来的只能是再一次失败。

失败并不可怕，可怕的是你失去了面对失败的勇气。生活不可能一帆风顺，如果我们没有良好的心态，没有一颗感恩的心，那么等待我们的将是一场更大的失败。

年轻的保罗·迪克从祖父那里继承了一座庄园，怀有美好希望的他对未来充满了种种憧憬。然而，天有不测风云，一天夜里，一场雷电引发的山火烧毁了美丽的森林庄园。一夜之间，他彻底陷入了一筹莫展的境地。

经受不起这沉重的打击，保罗整日闭门不出，茶饭不思，眼睛熬出了血丝。一个多月过去了，年已古稀的外祖母获悉此事，意味深长地对保罗说："小伙子，庄园成了废墟并不可怕，可怕的是，你的眼睛失去了光泽，一天一天地老去。一双老去的眼睛，怎么能看得到希望……"

保罗在外祖母的说服下，强打起精神走出了庄园。他漫无目的地闲逛，在一条街道的拐弯处，他看到一家店铺的门前人头攒动。原来是一些家庭主妇正在排队购买木炭。那一块块躺在纸箱里的木炭忽然让保罗眼前一亮，他看到了一线希望。

在接下来的两个星期里，保罗雇了几名烧炭工，将庄园里烧焦的树木加工成优质的木炭，然后送到集市上的木炭经销店。果然，他的木炭被人们抢购一空，他因此得到了一笔不菲的收入。他用这笔收入购买了一大批新树苗，一个新的庄园初具规模。几年以后，庄园再度绿意盎然。

所以，我们每个人都应该坚信自己所希望的事情能够实现，千万不可陷入悲观与绝望。面对困难，逃避不是有效的方法，只有奋起抗争，不畏险阻，不断增强自己的希望，你才有能力去改变它，从而过上自己想要的生活。

保持乐观，寻找悲剧的意义

在我们漫长的人生长河中，好事变坏事、坏事变好事的情况是经常发生的。有时候，厄运也许能成为一种幸运，一种难得的契机，因为它将你逼到了不得不选择去走另一条路的状况，而当你一旦踏上了另一条路，成功可能就在向你招手了。

一个人要能自如地生活，心中就需要多一份坦然，笑对人生。其实，始终坚信前景美好的人比愁眉不展的人更能得到成功的垂青。

某日，美国家具商尼科尔斯的家突然起火，大火把家里的一切烧得精光，包括他准备出售的家具。大火什么也没给他留下，除了一片残存的焦松木。看着一地狼藉，他的心情坏极了。突然，这些烧焦的松木独特的形状和漂亮的纹理把他的目光吸引住了，他竟然从这些焦松木上找到了转机。

正是这场意外的大火，烧出了尼科尔斯的灵气与希望。他小心翼翼地用碎玻璃片削去松木上的沉灰，用砂纸打磨光滑，然后涂上一层油漆，一种温暖的光泽和红松般清晰的纹路呈现在眼前。尼科尔斯惊喜地狂叫起来，很快制作出仿纹家具，就这样，仿纹家具从此诞生了。大家都来争相购买他制作的家具，生意十分兴隆。一场大火给他带来灾难的同时也带来了新产品和金钱。

不论在什么时候发生了什么事情，你都要记住：厄运与幸运往往是交替出现的。当幸运来临时，固然要把握它，利用它；而当事情开始向坏的方面转化时，或者当所谓的厄运当头时，你要当机立断，将厄运的影响降到最小，让生命开始新的旅程。

在沉重的打击面前，你需要有处变不惊的乐观心态，这样就能战胜沮丧，化坎坷崎岖为康庄大道。你可能一时丢掉了原本属于你的东西，或是毁了一次机会，但是绝不能失望太久。冷静而达观，愉快而坦然，是成功的催化剂，是另辟蹊径、迎接胜利的法宝。

保持淡定，学会承受心灵的苦难

人生不可能事事都尽如人意，生活中有苦有甜，谁都难免经历坎坷和波折。磨难常常会不请自来，给我们的心灵带来大大小小的创伤。其实，天下没有一帆风顺的人生，我们只有保持淡定，学会承受生命的苦难，遇事想得开，才能拨开乌云见青天。

人生在世，艰难险阻是难免的，成功也是没有捷径的，一切困苦都是对我们的考验。只有敢于接受挑战，敢于承受这些困苦，才能有获得成功的机会。

董天福是一个不幸的人。一次意外事故把他身上65%以上的皮肤都烧坏了，为此他动了6次手术。手术后的他生活不能自理，就连吃饭也需要人喂。但他以前曾是军人，从不认为自己会被生活的苦难打败。他说："我完全可以掌握自己的人生之船，我可以选择把目前的状况看成倒退或是一个起点。"凭借顽强的意志，加上日复一日的艰难训练，半年之后，他又能站起来了。

后来，董天福和朋友合资开了一家公司。开办公司后的第二年，他驾驶汽车到山区采购生产所用的原材料，因为雨天路滑，不幸遭遇车祸，他的腰部永远失去了知觉和运动的能力。这对他的打击实在很大，但他并没有丧失活下去的信念，仍然不屈不挠，日夜努力使自己能达到最高限度的独立自主。

董天福对他的朋友说："以前我可以做100件事，现在的我只能做99件，我可以把注意力放在我无法再做的一件事上，也可以把目光放在我还能做的99件事上。告诉大家我的人生曾遭受过两次重大的挫折，如果我能选择不把挫折当成放弃努力的借口，那么，或许你们也可以用一个新的角度，来看待一些一直让你们裹足不前的经历。"

一个人想要活得鲜猛，全凭精气神儿。著名黑人领袖马丁·路德·金有句名言："这个世界上，没有人能够使你倒下，如果你自己的信念还站立着的话。"正如孟子在《告子下》中所言："天将降大任于是人也，必先苦其心志，劳其筋骨，饿其体肤，空乏其身，行拂乱其所为，所以动心忍性，增益其所不能。"

事实上，人的斗志有时只有在困厄中才能被激发出来，毅力在百般折磨下会变得越来越坚韧不拔，性格越来越刚强坚定，从而化压力为动力，踏平无数坎坷，不断地完善自我，超越自我。在苦难中，董天福就是用超凡的毅力，把巨大的苦难化作强大的力量，一步一步走向自己的成功。

"艰难困苦，玉汝于成。"只有经历了磨难，才能让自己成为价值连城的美玉。对于人生，苦难是一堂修心课，苦难使我们成长，苦难使我们的心灵更加强大，苦难使我们的生命更有意义。

知足常乐，不强求

人生一切的欲望，归纳起来有两种：精神欲望和物质欲望。为了满足这两种欲望，相应地就产生了两大奢求：精神奢求和物质奢求。欲望与奢求没有对错之分，但是如果你任这些欲望与奢求无限制地发展下去，它们便会像烦恼树一般越长越高，如果你不放弃那些奢望，你就不会获得快乐。

人生在世，名利财物都是身外之物，即使我们永不停息地去追求和索取它们，也不会有满足的时候。所以，我们切不可恣情纵意，贪得无厌。俗话说得好："凡事皆有度。"但是有些人忘掉了这个浅显的道理，迷失了自己，陷入痛苦的深渊而不能自拔。

心理学家加贝尔博士说："快乐纯粹是内在的，它不是由于客体，而是由于观念、思想和态度而产生的。不论环境如何，个人的活动都能够发展和指导这些观念、思想和态度。"因此，快乐是一种心境，是一种可以调节的心境。

晓华是一个典型的普通妇女，每天早早地起来做饭，吃过早餐后出门去上班，过着一成不变的简单生活。但她觉得自己很幸福，很快乐。她常常对朋友这样说："作为女人，我是幸运的，更是快乐的，因为我嫁了个爱我、疼我的好老公。回想我与老公共同生活的这十年，时间漫长却又短暂，尽管有些时候免不了磕磕碰碰，但丝毫不影响我们夫妻间的那份真情。

"我的老公在单位做领导，平日里工作很忙，应酬也多，和我在一起的时间就显得很少。有时候，老公回到家里，神情显得极疲惫，什么话也不说就倒在沙发上。这时的我尽管也忙碌了一天，身心也感觉很累，但还是会为他端来一杯水，并亲昵地为他做按摩让他放松。而当我上班累了，回到家里顾不得做饭时，他就会不声不响地在厨房里为我做几个菜，尽管有时味道不合胃口，但我还是感觉很快乐。

"不可否认，身为女人，我也爱美，我也希望自己穿得漂亮一些，生活得更时尚。尤其当看到其他女同事有的结伴逛商店购物，有的全家出国去旅游，一个比一个逍遥，一个比一个潇洒，而我只能每天下班后匆匆赶回家里，围着厨房转，我也烦恼过、郁闷过。但是夜里躺在床上，静静想想，早已为人媳、为人妻、为人母的我，不可能再有那么多的浪漫和自由，我们还得生存啊，还得供女儿上学，房贷也得慢慢还啊。再说我为什么要把自己沉陷在伤感中呢？生活给予我什么，我就应该欣然地接受什么。

“婚后十年，生活的点点滴滴让我感觉自己确实很幸福，也很快乐。我一如既往、无怨无悔地经营着我的婚姻生活，也心甘情愿地做一个快乐而满足的女人。”

从晓华的身上我们能够体会快乐与知足密切相关，因为知足后心境才能平和，待人才能达观。这种人生境界是享受着荣华富贵而又永远没有满足感的人所无法想象的。

佛经有语：“知足之法，即是富乐安隐之处。知足之人，虽卧地上，犹为安乐。不知足者，虽处天堂，亦不称意。不知足者，虽富而贫。知足之人，虽贫而富。”知足者对于自己的处境和遭遇，总能感到满足。不知足者很贪心，总觉得自己的生活过得不够好，他们常常忘记了自己是身在福中不知福，往往要等到失去的时候，才想到要知足。

客观认识自己，不错过成功的机会

在生活中，许多人都以为，别人具有的种种幸福自己是不配拥有的。他们自惭形秽，自认为不能与那些命运好的人相提并论。然而他们不明白，这样的自卑自抑会大大削弱自己的生命力，也同样会大大减少自己成功的机会。

一位哲学家在临终前有一个不小的遗憾——他多年的得力助手，在半年多的时间里没能给他寻找到一个最优秀的关门弟子。

事情是这样的。这位哲学家在风烛残年之际，知道自己时日不多，就想考验和点化一下他的那位平时看起来很不错的助手。他把助手叫到床前说："我的蜡所剩不多了，得找另一根蜡接着点下去，你明白我的意思吗？"

"明白，"那位助手赶忙说，"您的思想光辉是得很好地传承下去……"

"可是，"哲学家慢悠悠地说，"我需要一个最优秀的承传者，他不但要有相当的智慧，还必须有充分的信心和非凡的勇气……这样的人选直到目前我还未见到，你帮我寻找一个好吗？"

"好的，好的，"助手说，"我一定竭尽全力去寻找，不辜负您的栽培和信任。"

哲学家笑了笑，没再说什么。那位忠诚而勤奋的助手开始不辞辛劳地通过各种渠道四处寻找。可他领来一个又一个，都被哲学家婉言谢绝了。有一次，当助手再次无功而返时，病入膏肓的哲学家硬撑着坐起来，扶着那位助手的肩膀说："真是辛苦你了，不过你找来的那些人其实还不如你……"

"我一定加倍努力，"助手言辞恳切地说，"找遍城乡各地，找遍五湖四海，我也要把最优秀的人选挖掘出来举荐给您。"

哲学家笑笑，不再说话。半年之后，哲学家眼看就要告别人世，最优秀的人选还是没有眉目。助手非常惭愧，泪流满面地坐在病床边，语气沉重地说："我真对不起您，令您失望了！"

"失望的是我，对不起的却是你自己，"哲学家说到这里，很失望地闭上眼睛，停顿了许久，才又不无哀怨地说，"本来，最优秀的就是你自己，只是你不敢相信自己，才把自己给耽误了……其实，每个人都是最优秀的，差别在于如何认识自己，如何发掘和重用自己……"话没说完，这位哲人就永远离开了他曾经深切关注着的这个世界。

很多时候，我们是不是也像这位哲学家的助手一样，虽然有着千里马之能，但是没有发现自己长处的眼光，结果虽然有机会与伯乐“亲密接触”，但是终究会错过。

我们每个人都是独一无二的，我们有各自的缺陷，但我们也有自己突出的优点。我们没有必要对自己失望，相信自己会比别人做得更好。

每个人都有能力发展自己，取得更大的成功，不幸的是很多人在开发自己的潜能，取得成功的过程中经常会遇到自身的心理障碍，也就是回避成功的心理障碍。这种心理障碍会使你做事情畏首畏尾，前怕狼后怕虎，最终一生碌碌无为。

挖掘自身潜力，找出自我挫败的原因

正确认识自己，挖掘自己的潜力，是获得成功的重要心理素质。我们对自己的形象，从外表、品德和才能、优点和缺点、特长和不足、过去和现状以及价值和责任，总会有一定的认识。然而，我们对自己的认识是否符合自己的本来面貌和实际情况，各人就会出现许多差异。

小张是个有梦想的人，大学还没毕业就对自己将来的事业有很多想法。他读过很多成功人士的传记，特别佩服那些在商场上有成就的大亨。他的目标是30岁以前自己当老板，经营自己的企业集团，做一名成功的企业家。

小张拥有国内名牌大学经济学本科学历，擅长表达，对任何事情都有自己独特的看法，他最不能忍受的就是没有思想的人做他的上司。他凭借自身优势，毕业时果然脱颖而出，高薪加入了一家大型房地产集团做项目策划专员，令他的同学们羡慕不已。

在这家房地产企业刚做了一年，小张就有点儿沉不住气了。他觉得房地产项目的周期太长，自己要很多年才有机会完整经历一个项目从前期调研、土地购买、建筑设计、工程管理、销售策划到后期物业管理的各个环节。而自己做了一年的项目策划还没有机会独立完成一个项目，这样下去要等多久才能实现自己的梦想啊！

两个月后，他去了一家很大的证券公司上班，虽然薪水没有原来高，但业绩提成相当丰厚，这种挑战很符合小张的个性。又过了大半年，小张已经成为公司里小有名气的操盘手了，那时正好赶上了行情好的时候，几个月下来，小张战果累累，他怎么也没想到挣钱可以这样容易。

在证券公司做了一年，小张觉得他可以成为真正的独立炒股人，于是炒了老板的鱿鱼。他在家里装上了电脑，开始了他的个人炒股生涯，但是，他的投资生涯持续了还不到一年，就已经输光了几乎所有积蓄。

通过朋友的介绍，他进入了一家国际物流公司。由于没有经验，他又要从文员做起，薪水比第一份工作少了一半。小张接受了这份工作，因为他相信这是一个很有发展潜力的行业，而且凭借自己的能力，他预想两年内一定能升到物流经理的职位。

转眼两年过去了，他开始认识到物流是一个利润不高的行业，公司给员工的工资也不像他原来想象的那样高。这两年他虽然干得不错，但还是没有当上经理，工资当然也没有提高很多。当他看到公司的物流经理都有十多年的操作经验时，他又沉不住气了。

他开始向外投送简历，但获得面试的机会不多，而且最致命的是每次面试时他都对自己在五年内做过三个行业、三家公司、四种职位的发展轨迹无法自圆其说。毕业五年来，他第一次感到自信心受到了重创。

小张这时有点后悔第一份工作放弃得太草率，如果在房地产公司做到现在，还真的有希望当上经理，而且薪水也会相当可观，但现在说什么都没有用了。当前的就业市场比五年前还差，本应该有竞争优势的他，在经历了过去五年的职业生涯后不但没有形成竞争力，反而成了他的负担。从此，小张精神萎靡，一蹶不振，躲在家里不再出门。

其实，当我们因生活的不如意、愿望的不满足而抱怨或低头哭泣时，不妨好好看看自己，想想自己的潜力到底是什么，怎样才能发挥自己的潜力，从而获得成功。

不放弃自己，不断提升个人价值

时代只会埋没平庸的人，不会埋没真正有实力的人。不要担心你的价值不会被发现，不要担心你会被埋没在人海中，只要你还在追求进步，只要你真正有价值，你的价值总会有被发现、被认可的一天。如果你是一个有价值的人，你现在要做的就是，耐心点，再耐心点。

我们都相信自己是有价值的，但并不是每个人都能实现自己的价值。实现自己价值的关键在于了解自己的优势和劣势，清晰自己的定位，对自己的核心竞争力有准确的认识，对自己的核心问题能够进行充分的解析。并据此制定目标，通过阶段性的自我职业分析，找到自己的软肋和竞争潜力，然后采取措施提升竞争力。这些是实现个人价值最大化的前提，否则所有的技巧都将成为空中楼阁，让我们的所有努力化为泡影。

史蒂芬·霍金小时候的学习能力似乎并不强，他很晚才学会阅读，上学后在班级里的成绩从来没有进过前10名，老师和同学从来没有对他另眼相看过。

随着年龄渐长，霍金对万事万物如何运转开始感兴趣，他经常把东西拆散以追根究底，但在把它们组装回去时，他却束手无策。不过，他的父母并没有因此而责罚他，他的父亲甚至担任起他的数学和物理学课外老师。后来，霍金发现自己对物理学研究非常有兴趣，虽然中学物理学太浅显，显得特别枯燥，但他认为这是最基础的学科，有望解决人们从何处来和为何在这里的问题。

这时候，病魔出现了，霍金注意到自己变得更笨拙了。一次，他不知何故从楼梯上突然跌下来，他被确诊患上了卢伽雷氏症，即肌萎缩侧索硬化症。

大夫说，他的身体会越来越不听使唤，只有心脏、肺和大脑还能运转，到最后心和肺也会失效。霍金被宣判只剩两年的生命。起初，这种病恶化得相当迅速。这对霍金的打击是可想而知的，他几乎放弃了一切学习和研究，因为他认为自己不可能活到完成硕士学位论文的那一天。霍金的病情渐渐加重。1970年，在学术上声誉日隆的霍金已无法自己走动，他开始使用轮椅。

霍金极其顽强地工作和生活着。他和彭罗斯证明了著名的奇性定理，并在1988年共同获得沃尔夫物理奖。他还证明了黑洞的面积不会随时间推移而减少。1973年，他发现黑洞辐射的温度和其质量成反比，即黑洞会因为辐射而变小，但温度却会升高，最终会发生爆炸而消失。

20世纪80年代，他开始研究量子宇宙论。后来由于得了肺炎而接受手术，他从此再也不能说话。他全身瘫痪，要靠电动轮椅代替双脚，不但说话和写字要靠计算机和语言合成器帮忙，连阅读也要别人替他把每页纸摊平在桌上，让他驱动着轮椅逐页去看。他就是在这样的情况下，极其艰难地写出了著名的《时间简史》。

从被人轻视到被病魔夺走自由，一次次的打击都没有让霍金沉寂下来，反而激发了他向上的斗志，最终在艰难的人生对抗中，实现了自己的人生价值，而且他的价值也得到了全世界的认可。

放弃自我憎恶感，用更亲切的态度对待自己

自我憎恶不仅仅是对自我的失望感，更是将自己视为可憎的敌人。对自己憎恶会使我们将自己判断为令人厌恶的人，一旦我们拥有这种想法，就会产生以野蛮的方式攻击自己的动机。

有着自我憎恶感的人在认知上经常发生偏差，会严重低估自己的形象、能力和品质，总是拿自己的弱点跟别人的长处比，觉得自己什么都不会，什么都不如别人。于是，终日生活在极度痛苦之中，却不清楚自我憎恶的情绪对自己的生活到底有多大的影响。

玛丽觉得自己长得不够漂亮，在人面前很自卑，她很憎恶自己，连走路都低着头。有一天，她到饰物店去买了一个绿色蝴蝶结，店主不断赞美她戴上蝴蝶结很漂亮。玛丽虽然不信，但是心里很高兴，不由得昂起了头。她急于让大

家看看自己新买的蝴蝶结，出门时与人撞了一下，蝴蝶结掉落在地上，她都没发现。

玛丽走进教室，迎面碰上班主任。“玛丽，你抬起头来的样子真美！”老师真诚地赞美她。那一天，玛丽得到了包括同学、老师等许多人的赞美。她想，这一定是蝴蝶结的功劳。玛丽回到家里，在镜前一照，惊讶地发现，头上根本没有蝴蝶结。一定是出饰物店与人相撞时弄丢的，玛丽自我安慰道。不过，她清楚地知道，从今以后她再也不需要蝴蝶结了。

玛丽憎恶自己，究其原因，是玛丽在心理上出现了认知偏差，她想当然地给自己贴上了不幸者的标签，感觉周围的人都比她漂亮，都瞧不起她。但是事实证明，她的自我评价是错误的，她跟身边的人相比，容貌并没有差别，唯一不同的是她的自卑情绪，幸好蝴蝶结事件让她摒弃了自卑，找回了自信，终于发现她和别人长得一样漂亮。

自我厌恶会影响一个人的行为与感受。他们并不认为会有人真心实意地爱自己，即便有人表现出善意，他们也会认为：这只是自己的错觉，或者对方是受到自己的蒙骗，一旦双方深入交往，对方就会发现自己一无是处，也便不会再爱自己或者不会再和自己做朋友。那么，我们如何才能摆脱对自我的厌恶呢？

首先，需要允许自己失望与无能为力，要明白世事无常，也要学会原谅自己。当然，对无助和失望感到坦然，对每个人而言都不是一件容易的事。我们既不能臣服于它，陷入一种习得性无助，认为无论做什么都无济于事，也不能为逃避它而自我厌恶，认为自己不够好才会失败。事实上，再完美的人也会有困顿的时候。

其次，要学会在日常生活中以优势视角而不是问题视角看待自己。从小的教育乃至成人世界的运行规则都更多地鼓励人们从问题视角来看待自己。比如，我还有哪些不足需要弥补和改正，下次如果能避免这些问题这件事情就可以做得更好等。而优势视角就是要让人们相信每个人都有优势和潜能，学会从自己身上不断发现长处，即便在最糟糕的情形中也要善于发现自己的优势。

最后，自我厌恶者会因为自己各个方面的不足而对自己感到不满，而其中最核心的仍是爱与被爱的不足与匮乏。当能够穿过他们的自我厌恶去拥抱自己时，这些人就会有勇气和机会对自己感到满意，摆脱自我厌恶。

提升自尊，把自己看得和别人一样重要

一个人要想摆脱烦恼，生活过得快乐，最重要的是把遭到贬抑的自我提升起来，放回到自尊的世界里。一个人只有先能自尊，而后才能自爱，自尊自爱之后，才能够形成和谐统一的人格。既然自尊对我们如此重要，那么，如何做才能提高个人自尊呢？

1. 按照自己的条件评定自己的价值。

人不可能十全十美，每个人都有优缺点。一个懂得自尊的人，应该接纳自己的一切条件，并肯定它的价值。每个人都兼有优点和缺点，撷取自己的优点会让你看重自己，撷取自己的缺点会让你贬低自己。优点不能随意增加，缺点也不能随意丢掉，个人所能做的，就是在自己的优点上尽量去发挥，这样才能表现出自己的价值。

2. 根据自己的体验来判断自己的成败。

俗语说：“不以成败论英雄。”意思是说，一个人的成功与失败，不能单靠他

做事情的结果来判断。一个人自觉对人对事已经尽了全力之后，如果失败了，就应该试着坦然接受这个结果。但我们应注意的一点是，尽量把失败的结果局部化或简单化，不要说“我失败了”，而应换个方式说，比如“我这次失败了”或“我做这件事失败了”。如此，可以避免失败后烦恼情绪的泛化。

3. 把自己看得和别人一样重要。

每个人都应该有自己的理想，但是，想与众不同，想出人头地，除理想外，我们也应该有平常人的需求。天生我材必有用，不必苛求自己做个十全十美的人。不必冀求别人如何对待自己，也不必过分强求自己事事胜过别人。只有你觉得你和别人一样重要，你才能做到不傲不谄，不亢不卑。也只有这样，你才能敞开胸怀，容得下别人，不嫉妒，不疑惧，和谐地融入团体生活。若能如此，个人就不会失去自尊的感受。

4. 欣赏但不冀求别人的赞许。

若是一个人的行为完全取决于别人的赞许，就显得他不够成熟。一个性格成熟且人格独立的人，做人做事，不受制于别人的赞许。因为如果赞许成为个人的需求，个人势必依赖别人的赞许而做事，结果就是做事失去信心，事事想讨好别人，以获得周围人的赞许，只好放弃自己的主见去迎合别人。

为自己鼓掌，克服消极的无价值感

人生最大的难题莫过于认识你自己。许多人谈论某位企业家、某位世界冠军、某位著名电影明星时，总是赞不绝口，可是一联想到自己，便一声长叹：“我不是成材的料。”他们认为自己没有出息，不会有出人头地的机会，理由是“没有高文凭”“没有好的运气”“没有资金”等。但他们不知道的是，想要获得成功，就必须正确认识自己，经常为自己鼓掌，坚信“天生我材必有用”。

我们的价值在自己的心中，绝非在别人的眼中。我们要为自己鼓掌，不要被别人的看法左右了自己的人生。一旦寻求赞许成为一种需要，你会为迎合他人的观点与喜好而放弃自己的价值。以别人的看法和评价来确立自己的形象和价值，就好像把房子盖在流沙上，是靠不住的。所以，自我价值不能由他人来评定和证实。

人本来就需要得到鼓励和赞扬。许多人做出了成绩，往往期待着别人来赞美。其实光靠别人的赞美是不够的，何况别人的赞美会受到各种外在条件的制约，难以符合你的实际情况或满足你真正的期盼。不妨花些时间，适当地为自己喝彩。当你做出了成绩，或者朝着自己的目标不断前进时，千万别忘了给自己鼓掌，为自己喝彩。

23 岁的吴敏从身无分文到腰缠万贯，仅仅用了两年的时间便实现了别人连想也不敢想的奇迹，然而有谁会想到，这成功居然是来自一次意外事故。

两年前，吴敏还是一个保姆，一次，雇主让她陪着去参加一个楼盘的开盘活动。售楼小姐带大家去参观样板房时，由于人多拥挤，不知是谁撞翻了客厅墙角处的花盆架，正好砸在电视机上，一下子把屏幕砸碎了。看房的人都推说不是自己的责任，售楼小姐急得直哭。

回来的路上，路过一家玩具店时，吴敏的脑子里突然灵光一闪，她想能不能像玩具车模那样用一种塑料的仿真家电来代替实物呢？这样开发商不但能降低成本，而且搬动起来方便，不怕摔，不怕碰。

晚上，吴敏和雇主谈了自己的想法，出乎自己的意料，雇主非常赞同她的主意，而且表示愿意出钱为她的这一创意投资。在得到雇主的全力支持后，吴敏开始着手设计家电模型，联系生产厂家，拿着自己产品的照片到各个楼盘去推销，并热情地带领房地产公司的负责人来参观自己设计的家电模型。

由于一套家电模型的成本不及真实家电成本的十分之一，而且比真实家电更美观耐用，因而她的产品备受客户青睐，首批生产的几十套产品很快销售一空。后来，大到沙发、衣柜、书橱、电脑桌，小到厨具、餐具、仅供摆设的小玩意儿，吴敏的模型公司里几乎应有尽有。有一段时间，产品甚至出现了供不应求的局面。于是在不到一年的时间里，她的公司便迅速积聚起上百万元的资产。

做一个成功的、有价值的人，说难也难，说简单也简单。吴敏的成功就在于她是一个有心人，是一个用心去观察、去思考的人，最终她的付出得到了回报，她也实现了自己的人生价值。

其实想实现自己的人生价值，并不像想象中那么难，有时只需要你努力一点，坚韧一点，大胆一点，用心一点，努力提高自己的核心竞争力，用心发现并抓住实现自己价值的机会，在竞争中提升自己的实力和价值，总有一天，你的价值会呈现在人们眼前。

正视自我需求，保持一颗平和的心

当代社会，有的人为了眼前的名利荣誉疯狂追求，有的人为了一些得失怅然痛苦，有的人沉浸在过去的回忆中无法自拔。总之，很多人的内心时常充满痛苦、悲伤、烦恼、失落等消极情绪，无法平静。

所谓“心清水现月，意定天无云”，只要你的内心平静了，水中的月影才能现形；如果你的意志坚定，就好像天空里没有云彩一样。不以物喜，不以己悲，只要我们的内心足够平和，就不会被外界的事物所影响。但是人生无常，世事难料，也许前一秒我们还在因为高兴的事情而开心，下一秒就会因为突发的状况而难过。人生道路上有太多的意外，面对这些“不速之客”，我们唯有保持内心的平和，心情才不会大喜大悲。

物随心转，境由心造，烦恼皆由心生。一个人以什么样的心态看待周围的事物，就会产生什么样的环境和状况，而这里的环境和状况，只是我们内心所预想的，并不是真实的，现实中的环境不会有丝毫的改变。如果我们用烦恼的眼光看待所有事情，那么周围的一切都会让我们觉得烦恼；如果我们以一颗乐观的心去面对，那么眼前出现的就是一番欣欣向荣的景象。

拥有一颗平和心的人，始终会以平常心面对世间的一切。他们不会嫉妒别人的美好容颜，也不会去攀比别人的富裕生活。在与人相处中，他们不会争论不休；在名利荣辱面前，他们不会计较得失；在别人伤害自己之后，他们不会记恨甚至报复，而是用包容的心、宽恕的心去融化对方。

一天，老禅师正要出门，门外突然闯进来一位香客，香客狠狠地撞了他一下。老禅师脚步踉跄，差点摔倒。他看了一眼香客，仿佛什么事情也没有发生过，出门要走。

香客满脸疑惑地问：“大师，刚才我撞了您，您为什么一点也不生气呀？”

老禅师笑答：“我为什么一定要生气呢？生气只会扩大事端，如果我对你破口大骂，必定会造成更多的业障及恶缘，也不能把事情化解。如果我早一分钟或迟一分钟开门，都会避免相撞，或许这一撞就化解了一段恶缘，还要感谢你帮我消除了业障呢！”

香客听后十分感动，若有所悟地离开了寺庙。

俗话说“有量才有福”，意思是说有度量的人才是真正的有福之人。老禅师虽然被人冲撞，但他却像什么事情都没有发生过似的，心平气和地将大事化小，小事化了，不得不让人佩服他的宽宏大量与平和心境。

古人云：“祸兮福所倚，福兮祸所伏。”任何事情的发生都不是单一的，有利必有弊，有得必有失，既然我们无力改变自然的循环规律，无法改变已经发生的事实，无法预测未来的方向，为何不保持一颗平和的心，坦然地接受，勇敢地面对呢？

相信自己，对未来充满期待

一个人可以没有知识，可以没有智慧，但不可以没有自信。想要成为自己希望成为的人，就要永远保持强烈的自信。无论何时何地，你都要依靠自己，相信自己，挖掘自己，发挥自己。

无论干什么工作，信心是非常重要的，它决定了一个人的心态。如果你遇到挫折时，认为自己被打倒了，那么你就真正的被打倒了。如果你认为自己仍屹立不倒，那么你就真的屹立不倒。如果你认为自己会失败，那么你基本上必败无疑。如果你自惭形秽，那么你就很难成为一个强者。

在日常生活中，强者不一定是胜利者，但是胜利者都属于有信心的人。一个人要永远保持成功的自信，在做每一件事前告诉自己这一次一定会成功，信心将随着你每一次目标的实现而增长。随着信心的增长，你会设置更高的目标，取得更大的成功。

古时候有一个和尚，决定要到南海去，他身无分文且路途遥远，交通又极不方便，但他没有被这些困难吓倒，他只有一个信念："我行，我一定能到达南海。"于是他便沿途化缘，一步一步往南海的方向迈进。

在经过一个村庄化缘时，他碰到一个富和尚，富和尚问他："你化缘干什么？"穷和尚回答："我要去南海！"

富和尚不由得哈哈大笑起来："凭你也想到南海，我想到南海的念头已经有好多年了，但还一直没有成行。像你这样的人，还没到南海，不是累死就是饿死了，还是找个寺庙安稳度日吧！"

穷和尚不为所动，固执地说："我一定能行，我一定能成功地到达南海，实现我的目标。"几年后，穷和尚从南海返回，又遇到了富和尚，这时富和尚还在准备他的南海之行。

这个故事说明，相信自己，对未来充满期待是一种巨大的动力，它可以增强我们成功的信念，推动我们去做别人认为不可能成功的事情。

那么，我们应该怎样相信自己，拥有强大的自信心呢？以下是心理学家总结的建立自信的六个步骤。

第一步：告诉自己"一定要实现目标"。

大多数人即使确立了目标，由于并不是真心渴望达成，所以也就缺乏达成的自信心。一位哲学家曾经说过："一般人，往往认定自己办不成，凡事均不抱太大希望。"反过来说，因为不寄予希望，所以有些人的嘴上经常挂着一句"我做不到"。

第二步：要有最好的准备。

我们要从思想上、心理上做好万全准备，不打无把握之仗。

第三步：找出自己最大的优点。

有大成就的人知道把精力放在自己最擅长的地方。当你集中精力在你能表现最好的事情上时，你会觉得自信心增强。

第四步：从错误和失败中吸取教训。

俗话说："失败是成功之母"，没有失败，没有挫折，将很难成就伟大的事。聪明的人会从失败中吸取教训。

第五步：放弃逃避的念头。

大多数人在碰到棘手的事物时，通常只会考虑到事物本身的困难程度，如此一来，自然也就产生了畏惧感。但是一旦实际着手，就会发现事情其实比想象中要容易且顺利多了。

第六步：遵守自己定下的约束。

约束的内容是什么并不重要，当你对自己做了某种程度的约束后，在遵守这种约束时，你会发现由于实践而产生了自我信赖，这种自我信赖便是你已经开始坦然面对自己的实证。此时，自信当然也会跟着而来，随着时日根深蒂固地成为你的勇气与力量。

改善社交感受，享受社交生活

在生活中，我们离不开朋友，离不开社交。我们生存在社会中，总是要同别人打交道，同时，希望得到别人的称赞、好感、友情和合作。如果没有这些，我们就会感到自己被隔离在另外一个世界，孤独、寂寞、寸步难行、没有生机。

脾气暴躁的人常常在生活中对他人带有强烈的进攻性，这样很容易给别人留下不好的印象，更不要说令对方有进一步交往的欲望。现代人由于面临着各方面的压力，有时会形成坏脾气，而这种坏脾气又会成为我们成功路上的绊脚石。因此，一定要学会控制坏脾气，争取改掉坏脾气。

事实上，我们通过掌握一些简单、自然、平常和易学的技巧，坚持不懈地去实践，就可以成为一个受人喜爱的人。

1. 做一个平易近人的人，和别人打交道要轻松自如。

在和别人打交道的时候，不要让人有一种紧张感。一个平易近人的人很好相处，而且言谈举止都很自然，从而能营造出一种舒适、愉快、友好的氛围。

2. 善解人意，体贴别人。

一个体贴别人的人总是设身处地为别人着想，不让别人紧张拘束，更不会让别人尴尬难堪。那些有着较高情商的人具有善解人意的神奇能力，他们能根据交往对象的不同特点，随着时间、地点的变化，做出有针对性的应变。

3. 要忠诚、正直和具有爱心。

要想让别人喜欢你，就要有忠诚、正直和具有爱心的品格。

4. 能够仔细分辨别人的意图、动机、心情、感受。

一个社交能力强的人会考虑到自己行为的后果，会思考别人的可能行为。因此，只有认知能力较高、善于察言观色的人，才能在复杂、多变的情况下，做出因势利导的改变。

5. 不断克服自身的弱点。

不要总把别人不喜欢你的原因归结到别人身上，相反地，你有时也应该在自己身上找原因。要做到这一点，你就必须非常诚实地面对自己，敢于解剖自己，甚至还需要一些性格方面的专家的帮助。那些你性格方面的所谓“不利因素”或者说“弱点”，可能是你多年的生活习惯形成的，也可能是由你年轻时的生活态度发展而来的。或许，你一直把它们作为“自卫”的武器来使用，殊不知，它们在无意之中伤害了别人。

6. 尊重别人，自我克制。

在人际交往中，尊重别人的人格是赢得别人喜爱的一个重要因素。人格对每个人来说，都是最重要、最宝贵的。我们都希望自己的自尊心得到满足，自己能被人了解、被人尊重、被人赏识。那么，你一定不要降低别人的人格，不要伤害别人的自尊心，只有尊重别人，别人才会喜欢你。

一个人必须有自我克制的能力，对和自己打交道的人千万不要表现出不耐烦。对某些人，你可能不喜欢，甚至特别讨厌，但是你也不要冲动，只要你冷静一点，尽可能地把这个令你生气的人的优点列举出来，你的情绪就会变得相对平和。

让情绪流动起来，打造和谐的人际关系

心理学家认为情绪具有感染性，一个人的情绪状态很容易影响到周围的人。如果我们具有足够的爱和宽容，就能够成为一个影响他人情绪的人。因此，当你遇到一个经常暴跳如雷的人，不要生气和愤慨，只要你始终用温情和体谅来对待他，他迟早会改变过去的不良情绪状态。

研究发现，积极情绪和消极情绪可以相互转化。消极情绪和积极情绪一旦遇上，都有可能发生转变。一个人过度兴奋、激动之后，往往会有一段时间比较疲惫、消沉；反之，心情压抑之后一旦得到疏导、释放，又常常会有快乐的体验。

大家肯定都有过这种感觉，当我们遇到困难、有心事的时候，往往首先想到的是朋友。真正的朋友应该是在我们透露了内心的希望、梦想、对事物的看法，甚至最深的秘密后，仍然喜欢并尊重我们的人。

朋友对你的态度是由你对朋友的态度决定的。如果你总是乐于助人且设身处地地为人着想，朋友也必然对你慷慨大方。而若你视友谊为随手可得、随手可弃之物，并常常因为自己的一点付出就要求对方回报，甚至更多的回报，那么你的

朋友也将这样对你，你们之间更多的不是真心实意的感情依赖，而是纯粹的利益交易。

人们总是对自己所爱的、尊敬的朋友，发自内心地关怀他们，期盼他们能幸福安乐。人际交往的原则，便是善待对方。那么，如何让情绪流动起来，让更多的人喜欢自己，从而拥有良好的人际关系，帮助自己走向成功呢？

1. 重视小事情。

在朋友遇到困难时助其一臂之力无疑是至关重要的，但是如给朋友打生日电话等表面上看起来不足挂齿的小事，也是保持友谊必不可少的行为。

2. 敞开心扉。

有些人不愿把自己心灵深处的恐惧、失望等消极的情绪暴露出来，可是在建立友谊的过程中有时必须敞开心扉。

3. 尊重人的差异。

每个人由于性格、脾气和修养不同，为人处世的方法也各异。对朋友不必吹毛求疵，更不要把自己的观点强加于人。朋友的某个“缺点”在某些方面来说也许是优点。

4. 切忌斤斤计较。

有的人既想要朋友，又不想承担一定的责任和义务，这些人是很难拥有良好的友情的。

5. 接受帮助。

有人说过：“如果你想让别人成为你的朋友，就请他帮助你。”付出固然比获得重要，但重要的是让朋友明白你也需要得到他们的帮助。正如你因帮助朋友而感到幸福一样，也要为朋友能帮助自己创造机会。

图书在版编目（CIP）数据

掌控人生的88堂情绪调节课 / 张运中著．—北京：中国法制出版社，2021.4
ISBN 978-7-5216-1679-8

Ⅰ．①掌…　Ⅱ．①张…　Ⅲ．①情绪－自我控制－通俗读物
Ⅳ．① B842.6-49

中国版本图书馆CIP数据核字（2021）第033526号

策划编辑 / 责任编辑：陈晓冉（chenxiaoran2003@126.com）　　封面设计：李　宁

掌控人生的88堂情绪调节课

ZHANGKONG RENSHENG DE 88 TANG QINGXU TIAOJIEKE

著者 / 张运中

经销 / 新华书店

印刷 / 三河市国英印务有限公司

开本 / 710毫米 ×1000毫米　16开　　印张 / 12　字数 / 161千

版次 / 2021年4月第1版　　2021年4月第1次印刷

中国法制出版社出版

书号 ISBN 978-7-5216-1679-8　　定价：39.80元

北京西单横二条2号　　值班电话：010-66026508

邮政编码 100031　　传真：010-66031119

网址：http://www.zgfzs.com　　**编辑部电话：010-66071900**

市场营销部电话：010-66033393　　**邮购部电话：010-66033288**

（如有印装质量问题，请与本社印务部联系调换。电话：010-66032926）